U0203676

西瓜、甜瓜病虫害防治图谱

赵卫星　常高正　李晓慧　主编

河南科学技术出版社
· 郑州 ·

本书编者名单

主　　编：赵卫星　常高正　李晓慧
副 主 编：徐小利　梁　慎　康利允　高宁宁
　　　　　吴占清　杜瑞民　张雪平
编写人员：李　海　胡永辉　霍治邦　李海伦　张伟民
　　　　　李敬勋　张国建　岳俊辉　张合庆　张玉林
　　　　　张彦淑　陈贤义

图书在版编目（CIP）数据

西瓜、甜瓜病虫害防治图谱 / 赵卫星，常高正，李晓慧主编. —郑州：河南科学技术出版社，2019.3（2020.6重印）

ISBN 978-7-5349-9484-5

Ⅰ.①西… Ⅱ.①赵… ②常… ③李… Ⅲ.①西瓜-病虫害防治-图谱 ②甜瓜-病虫害防治-图谱 Ⅳ.①S436.5-62

中国版本图书馆CIP数据核字（2019）第041253号

出版发行：河南科学技术出版社
　　　　　地址：郑州市郑东新区祥盛街27号　　邮编：450016
　　　　　电话：（0371）65737028　65788613
　　　　　网址：www.hnstp.cn
策划编辑：陈　艳　陈淑芹　编辑信箱：hnstpnys@126.com
责任编辑：陈　艳
责任校对：金兰苹
装帧设计：张德琛
责任印制：张艳芳
印　　刷：河南省环发印务有限公司
经　　销：全国新华书店
幅面尺寸：890 mm×1240 mm　　1/32　　印张：3　　字数：120千字
版　　次：2019年3月第1版　　2020年6月第3次印刷
定　　价：20.00元

前　言

西瓜、甜瓜在我国果蔬生产和消费中占据重要地位，是带动农民就业增收的高效园艺作物，也是满足城乡居民生活需求的重要时令水果。随着种植业结构的调整，我国西瓜、甜瓜播种面积逐渐扩大，产业发展也面临着外部政策带来的挑战以及内部发展带来的问题，其中果品质量安全问题日益受到重视。如何科学、安全、有效地防治西瓜、甜瓜病虫害成了安全生产的首要问题。

在国家现代农业西瓜、甜瓜产业技术体系和河南省"四优四化"科技支撑行动计划河南省财政专项等项目的资助下，依据近年来河南省西瓜、甜瓜主产区常见病虫、草害的为害及发生规律，我们有针对性地对其为害的识别要点和防治措施进行了介绍。本书采用图文并茂的形式，对易混病害进行了对比识别，希望为基层农业技术人员和瓜农更直观地识别病虫、草害及科学施药、安全生产提供参考。

只有正确地识别为害，才能做到对症下药。本书收录了河南省西瓜、甜瓜生产中常见病害 25 种、虫害 10 种、草害 15 种及环境异常引发的生理性病害、药害、肥害等 17 种为害症状，同时配有大量彩色图片以便瓜农、农业技术人员对照识别，在实际生产中做到有的放矢。

本书在编写过程中得到河南省西瓜、甜瓜产业界科研和推广人员的大力支持，谨此表示衷心感谢；同时，编写过程中参阅和引用了一些研究资料，在此，向有关作者深表谢意。由于编者水平有限和经验不足，书中疏漏之处在所难免，敬请专家和读者批评指正。

编者

2018 年 3 月

目录

一、 西瓜、甜瓜病虫草害的发生动态

1. 土传病害逐年加重 由镰刀菌引起的枯萎病、根腐病和根结线虫病较为普遍且严重，已成为河南省老瓜区的主要病害。近年来，由于育苗基质、种苗等消毒不严格，加重了该病害的发生，一般种植区发病率为5%左右，严重时可达50%以上，甚至绝收。

河南省于2010年、2011年、2015年、2016年，在西瓜、甜瓜主产区开封县、通许县、太康县、内黄县、延津县等地相继发生根腐病、枯萎病。

2. 细菌性病害呈上升势态 以细菌性果斑病、溃疡病、细菌性软腐病为主，特别是细菌性果斑病在河南省开封县、通许县、汝州市、太康县、扶沟县等地的西瓜、甜瓜产区均有发生，且呈上升趋势，已经成为西瓜、甜瓜生产上急需解决的问题之一。

（1）病害损失严重：2000年，内蒙古巴彦淖尔市哈密瓜果斑病发生面积1万余公顷，病株率90%。

（2）嫁接苗产业严重威胁：2002~2003年，海南省、山东省等地嫁接苗场死苗率高达30%~80%，嫁接苗损失800万株；2009年，海南省苗场损失300万株苗；2010年1月，山东省500万株嫁接苗发病。

（3）2012年春季，河南省滑县八里营100多个大棚的甜瓜发生了细菌性果斑病，由于该病发现晚，防治不及时，损失率达30%~70%。

（4）2016年秋季，河南省兰考县多个大棚甜瓜发生细菌性果斑病，瓜农损失严重。

3. 病毒性病害发生依然严重 由于缺乏抗病品种、介体昆虫的抗药性频繁发生、防治病毒药物的效果有限、种子或砧木带毒及嫁接栽培等原因，促进了病毒病的暴发。病毒病是西瓜、甜瓜的一种主要病害，分布广，发生普遍，一般发病率为5%~10%，严重时发病率可达20%以上。

（1）2006年，辽宁省一个西瓜、甜瓜种植园区暴发病毒病。

（2）2011年，山东省、江苏省一些种植园区因砧木带菌暴发病毒病。

（3）2015年，河南省濮阳市一个种植园区发生病毒病。

4. 非侵染性病害呈加重趋势　随着西瓜、甜瓜种植面积的逐年扩大及保护地反季节栽培技术的推广，植物需要抗逆性生长，当人为创造的条件不适合植株生长时，会形成冷害、寒害及土壤盐碱化，造成僵苗、死苗和缺素症严重；大量激素的使用和气候的异常是引起裂瓜、畸形瓜的主要原因。因此，西瓜、甜瓜生理病害造成的损失日趋严重，应该引起广大瓜农和农业技术工作者的重视。

2010年春季，河南省前期低温，后期高温，很多瓜农使用座瓜灵浓度过大或坐瓜节位偏低，致使西瓜出现起棱、空心和黄筋等畸形果现象，甚至部分无籽瓜出现了大量着色秕籽，失去商品价值。

5. 气传病害略有下降　气传病害，即通过气流传播的病害，以作物茎叶上的病害为主，包括白粉病、霜霉病、炭疽病、叶枯病等。此类病害主要通过叶片气孔侵入，可多次再侵染，一旦防治不及时，就会造成大面积发生。20世纪90年代此类病害发生普遍，并造成一定的为害。近年来，随着科学技术水平的发展，一些特效药物相继出现，如防治白粉病的乙嘧酚、防治霜霉病的氟菌·霜霉威、防治炭疽病和疫病的嘧菌酯和苯醚甲环唑等，有效控制了病害的蔓延；另外，农户种植和管理水平也在逐步提高，此类病害在西瓜、甜瓜产区仅零星发生，已成为生产上的次要病害。

6. 害虫为害日益加重　近年来，随着保护地栽培面积的增加，粉虱、蓟马、螨虫、蚜虫、种蝇等小型害虫为害日益严重，且该类害虫繁殖快、数量多、抗药性产生快；特别是秋季栽培，加速了粉虱的大规模暴发，引起黄化病毒病的流行发生，对西瓜、甜瓜产生了极大的影响。

7. 草害呈加重趋势　随着西瓜、甜瓜设施种植面积的增加，棚内小气候有利于杂草生长。为提高棚内地温、缩短生长周期，通常在定植前7~10天抢墒铺地膜，棚内高温高湿为杂草萌发和生长创造了有利条件，一般在瓜苗定植前就形成出草高峰，并迅速生长；且随着种植西瓜、甜瓜的时间增长，种植面积逐年增加，连作重茬严重，加上施用鸡粪、羊粪等农家土杂肥时未充分腐熟，掺杂各类杂草种子，导致杂草基数增加，加重了田间杂草为害。

二、 侵染性病害

植物病害是由于受到病原生物的侵染，导致寄主植物细胞和组织的正常生理功能受到严重的影响，并引起病变症状。植物病害按引起病害的病原菌可分为4类。

1. 真菌性病害 包括猝倒病、枯萎病、根腐病、疫病、蔓枯病、炭疽病、菌核病、白绢病、白粉病、霜霉病。

2. 细菌性病害 包括细菌性角斑病、细菌性果斑病、溃疡病、缘枯病等。

3. 病毒性病害 包括花叶病毒病、绿斑驳花叶病毒病、退绿黄花病毒病、坏死斑点病毒病、皱缩卷叶型病毒病。

4. 线虫病 包括南方根结线虫、北方根结线虫、花生根结线虫等。

（一）真菌性病害

1. 猝倒病和立枯病

发生时期 以苗期为主，育苗床发生较为严重。

识别要点

（1）猝倒病。近土面的胚茎基部开始有黄色水渍状病斑，随后变为黄褐色，干枯缢缩成线状，子叶尚未凋萎，幼苗猝倒。

（2）立枯病。常与猝倒病相伴发生。幼苗茎基部产生椭圆形暗褐色病斑，早期病苗白天萎蔫，早晚恢复，病部逐渐凹陷，扩大绕茎一周，并缢缩干枯，最后植株枯死。由于病苗大多直立而枯死，故得名立枯病。

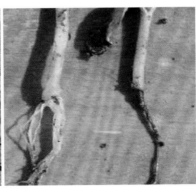

防治措施

（1）土壤消毒：用50%多菌灵0.5千克加细土100千克，或用40%五氯硝基苯200克加细土100千克制成药土，播种后覆盖1厘米厚。

（2）药剂防治：苗后发病时可喷64%杀毒矾可湿性粉剂500倍液，或喷25%瑞毒霉可湿性粉剂800倍液，也可用亮盾（25克/升咯菌腈+37.5克/升精甲霜灵）悬浮种衣剂500~600倍灌根1~2次，或用卉友（50%咯菌腈）2 000倍灌根，每株250毫升。

2. 枯萎病

发生时期　全生育期均可发病，以结瓜盛期发生较为严重。

识别要点　发病初期少数叶片在白天呈失水状凋萎，夜间恢复；后期叶片凋萎、变褐，植株死亡；病株基部粗糙变褐色，常有纵裂，裂口处有红色胶状物溢出；纵剖病茎，可见微管束呈黄褐色。

防治措施

（1）嫁接防病：用南瓜、葫芦作砧木嫁接。

（2）土壤消毒：播种或栽植前用25%苯莱特粉剂与细干土1∶100配成药土施入沟内或穴内，或用50%代森铵400倍液或70%敌克松1 000倍液进行消毒。在重茬严重的地块，结合整地，每亩可施入熟石灰80~100千克。

（3）药剂防治：发病初期可用 64% 噁霉灵或用 40% 杜邦福星乳油 20 毫升 +50% 多菌灵可湿性粉剂 400 克兑水 160 升灌根，每株 250 毫升；也可用 70% 敌克松可湿性粉剂与面粉按 1∶20 配成糊状，涂于病株茎基部；还可用 1% 申嗪霉素 1 500 倍液 +70% 敌克松 800 倍液灌根。

3. 根腐病

发生时期：全生育期均可发病，以结瓜盛期发生较重。

识别要点

（1）腐霉根腐病：侵染根及茎部，初呈现水浸状，茎缢缩不明显，病部腐烂处的维管束变褐，不向上发展，有别于枯萎病；后期病部往往变糟，留下丝状维管束。病株地上部初期症状不明显，后期叶片中午萎蔫，早晚尚能恢复。严重的则多数不能恢复而枯死。

（2）疫霉根腐病：发病初期于茎基或根部产生褐斑，严重时病斑绕茎基部或根部一周，纵剖茎基或根部维管束不变色，不长新根，致地上部逐渐枯萎而死。

防治措施

（1）嫁接防病：用南瓜、葫芦作砧木嫁接。

（2）土壤消毒：播种或栽植前用 25% 苯莱特粉剂与细干土 1 ∶ 100 配成药土施入沟内或穴内，或用 50% 代森铵 400 倍液或 70% 敌克松 1 000 倍液进行消毒。在重茬严重的地块，结合整地，每亩可施入熟石灰 80~100 千克。

（3）药剂防治：用 50% 扑海因可湿性粉剂 1 000 倍液 +70% 代森锰锌可湿性粉剂 1 000 倍液灌根，或 40% 多抗农（福美双 + 溴菌清）800 倍液灌根，或 50 克黄腐酸盐 +150 克高锰酸钾 +50 克代森锰锌加到 60 升水中灌根。

4. 蔓枯病

发生时期 从伸蔓期到坐果期均易发病，嫁接苗的发病相对较重。

识别要点

（1）叶片：黄褐色圆形病斑，叶缘病斑多成"V"形，老叶上有小黑点。

（2）茎蔓：椭圆形黄褐色病斑，密生小黑点，常流胶。

（3）果实：出现油渍状小斑点，后变为暗褐色，中央部位呈褐色枯死状，内部木栓化，病上形成小黑粒。

防治措施

（1）种子消毒：可用55℃温水浸种20分钟，或用50%福美双可湿性粉剂，以种子重量的0.3%拌种。

（2）药剂防治：发病初期用75%百菌清600倍液，或70%甲基托布津800倍液+80%大生（或悦生）800倍液，或用10%世高1 000倍液混+75%百菌清500倍液喷雾，或用25%阿米西达1 000倍喷雾，结合 25% 阿米西达 800 倍液涂抹病部防治更好。

5. 菌核病

发病时期　整个生育期均可发病。

识别要点

（1）茎蔓：初为水浸状斑点，后变为浅褐色至褐色，当病斑环绕茎蔓一周以后，受害部位以上茎蔓和叶片失水萎蔫，最后枯死。湿度大时，病部变软，表面长出白色絮状霉层，后期病部产生鼠粪状黑色菌核。

（2）果实：发病多在脐部，受害部位初呈褐色、水浸状软腐，不断向果柄扩展，病部产生棉絮状菌丝体，果实腐烂，最后在病部产生菌核。

防治措施

（1）育苗床土消毒：用 70% 敌克松原粉 1 000 倍液，或每升含 75% 土菌消可湿性粉剂 700 毫克的药液，每平方米床面浇灌 4~5 千克消毒。

（2）药剂防治：发病初期，可用 50% 扑海因可湿性粉剂 1 000~ 1 500 倍液，或 25% 咪鲜胺乳油 1 500~2 000 倍液，或 40% 菌核净可湿性粉剂 1 000~1 500 倍液。

6. 叶枯病

发病时期　全生育期均可发病，中后期发病重。

识别要点

（1）叶片：出现褐色小斑，四周有黄色晕圈，多在叶脉间或叶缘出现，近圆形，病斑很快连在一起形成大片叶片枯死。

（2）果实：果实上生有四周稍隆起的圆形褐色凹陷斑，可引起果实腐烂。湿度大时，病部长出灰黑色至黑色霉层。

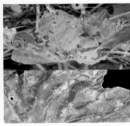

防治措施

（1）种子消毒：用 75% 百菌清可湿性粉剂或 50% 扑海因可湿性粉剂 1 000 倍液浸种 2 小时，冲净后催芽播种。

（2）药剂防治：发病初期可用 50% 多菌灵可湿性粉剂 500~800 倍液，或 70% 甲基托布津可湿性粉剂 600~800 倍液，或 50% 多菌灵·乙霉威可湿性粉剂 1 000~1 500 倍液，或 10% 苯醚甲环唑水分散颗粒剂 3 000~ 6 000 倍液，或 50% 咪鲜胺可湿性粉剂 1 000~1 500 倍液，间隔 7~10 天喷雾 1 次，共喷药 2~3 次。

7. 炭疽病

发病时期　全生育期均可发病。

识别要点

（1）叶片：近圆形红褐色病斑，外周有黄褐色晕圈；干燥时易穿孔，潮湿时有暗红色粉状物。

（2）茎蔓：梭形或长圆形凹陷病斑，后期开裂。

（3）果实：圆形凹陷褐色病斑，潮湿时有暗红色黏液，龟裂。

防治措施

（1）种子消毒：用 55℃ 温水浸种消毒，或用 40% 甲醛 100 倍液浸种 30 分钟消毒；也可每 50 千克种子用 10% 咯菌腈种衣剂 50 毫升，先以 0.25~0.5 升水稀释药液，进行包衣，晾晒后播种。

（2）药剂防治：发病初期用 70% 甲基托布津 800 倍液，或 80%

炭疽福美 800 倍液，或 10% 世高（苯醚甲环唑）2 000 倍液，或 50% 扑海因（异菌脲）1 200 倍液喷雾，隔 5~7 天再喷 1 次。保护地发病前期可用 45% 百菌清烟剂 200~250 克/亩，分放 4~5 个点进行烟熏。

8. 疫病

发病时期　全生育期均可发病。

识别要点

（1）茎蔓：暗绿色水渍状病斑，潮湿时变褐腐烂，病部环绕缢缩，受害部位以上茎叶枯死。

（2）叶片：暗绿色近圆形水渍状较大病斑，边缘不明显，后为青白色，易破碎；有时叶片萎蔫。

（3）果实：近圆形凹陷病斑，潮湿时病部有白色霉层。

防治措施

（1）种子消毒：用 55℃ 温水浸种 20 分钟。

（2）土壤处理：营养土灭菌，每立方米营养土加入 50% 多菌灵 100 克拌匀。

（3）药剂防治：发病初期用 64% 杀毒矾 500 倍液，或 72.2% 普力克 800 倍液，或 58% 雷多米尔（瑞毒霉锰锌）500 倍液，或 50% 烯酰

吗啉 +80% 代森锰锌 800 倍液喷雾，隔 7~10 天再喷 1 次。

9. 白粉病

发病时期　全生育期均可发病，中后期发病较重。

识别要点

（1）初期叶片上表现白色近圆形小粉斑，后向四周扩展成边缘不明显的连片白粉，严重时整叶布满白粉，枯萎卷缩。

（2）后期白粉斑因菌丝老熟变为灰色，长出黑色小点，是病原菌的闭囊壳。

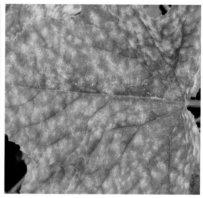

防治措施

（1）设施消毒：种植前，按每 100 立方米空间用硫黄粉 250 克 + 锯末 500 克或 45% 百菌清烟剂 250 克，分放几处点燃，密闭棚室，熏蒸一夜，杀灭病菌。

（2）药剂防治：发病初期用 25% 乙醚酚 800 倍液，或 50% 醚菌酯（翠贝）3 000 倍液，或 4% 朵麦可（四氟醚唑）（幼苗期禁用）水乳剂 1 500 倍液喷雾。

10. 霜霉病

发病时期　全生育期均可发病。

识别要点

（1）发病初期，叶片上出现水浸状不规则病斑，逐渐扩大并变为黄褐色。

（2）湿度大时叶片背面长出黑色霉层；发病严重时多数叶片凋萎。

（3）病斑受叶脉限制，背面长出粉色霉层，病菌不可离体培养。

防治措施

（1）高温闷棚：选择晴天，处理前要求棚内土壤湿度，必要时可在前一天灌水 1 次，密闭大棚，使棚内温度上升至 44~46℃，以瓜秧顶端温度为准，切忌温度过高（超过 48℃，植株易受损伤），连续维持 2 小时后，开始放风。处理后应及时追肥，灌水。

（2）药剂防治：发病初期可用 72.2% 普力克水剂 800 倍液，或 64% 杀毒矾可湿性粉剂 400 倍液，或 72% 克露可湿性粉剂 750 倍液，或银发利 600 倍液，或诺普信雷佳米（10% 甲霜灵 +48% 代森锰锌）200 倍液喷雾。

11. 灰霉病

发病时期 全生育期均可发病，中后期发病较重。

识别要点

（1）叶片受害多从叶缘呈"V"形向内发展。

（2）病菌一般从凋萎的残花开始侵入，初期花瓣呈水渍状，后变软腐烂，并生出灰褐色霉层，使花瓣腐烂、萎蔫、脱落，病菌逐渐向幼瓜扩展。受害部位先变软腐烂，后着生大量灰色霉层。

（3）灰霉病与菌核病的区别：菌核病也侵染茎蔓和瓜，瓜染病时，初呈水渍状腐烂，后软化，长出白色菌丝，病斑上散生鼠粪状黑色菌核。

防治措施

（1）农业防治：采用高垄地膜覆盖和搭架栽培，配合滴灌、管灌等节水措施。及时清除下部败花和老黄脚叶，发现病瓜小心摘除，放入塑料袋内带到棚室外妥善处理。

（2）化学防治：发病初期可用20%速克灵烟剂或20%特克多烟剂1千克/亩，熏闷棚室12~24小时；或用65%甲霉灵可湿性粉剂400倍液，或50%苯菌灵可湿性粉剂500倍液，或40%施加乐悬浮剂600倍液，或45%特克多悬浮剂800倍液，或50%敌菌灵可湿性粉剂400倍液，或50%速克灵可湿性粉剂600倍液等药剂防治。

12. 瓜笋霉果腐病

发病时期　以坐果期发病为主。

识别要点

（1）主要为害花和幼瓜。

（2）发病后花器枯萎，有时呈湿腐状，上生一层白霉，梗端着生头状黑色孢子，扩展后蔓延到幼果，引起果腐。

（3）瓜笄霉果腐病与灰霉病的区别：上生一层白霉，梗端着生头状黑色孢子，腐烂发生不限于花下部。

防治措施

（1）农业防治：采用高畦栽培，合理密植，注意通风，雨后及时排水，严禁大水漫灌，坐果后及时摘除残花病瓜，集中深埋或烧毁。

（2）化学防治：开花至幼果期可用64%杀毒矾可湿性粉剂400~500倍液，或苯菌灵可湿性粉剂1 500倍液，或75%百菌清可湿性粉剂600倍液，或58%甲霜灵锰锌可湿性粉剂500倍液，每隔10天左右喷治1次，共防治2~3次。

（二）细菌性病害

1.细菌性果斑病

发病时期 全生育期均可发病。

识别要点

（1）叶片：叶部病斑呈圆形、多角形及叶缘开始的"V"形，水浸状，后期中间变薄，可以穿孔或脱落，叶脉也可被侵染，并沿叶脉蔓延。

（2）果实：病斑初为水浸状，圆形或卵圆形，稍凹陷，呈绿褐色。有时数个病斑融合成大斑。严重时内部组织腐烂，轻时只在皮层腐烂。

有时瓜果皮开裂，全瓜很快腐烂。

2. 溃疡病

发病时期 全生育期均可发病，中后期发病较重。

识别要点

（1）叶片：初期在叶片表面呈现鲜艳水亮状即"亮叶"，随后叶片边沿退绿出现黄褐色病斑。

（2）茎蔓：病菌通过伤口或植株的输导组织进行传导和扩展，初期茎蔓有深绿色小点，逐渐整条蔓呈水浸状深绿色，有时茎蔓部会流出白色胶状菌脓，很快整条蔓出现空洞，烂得像泥一样，全株枯死。

（3）果实：多侵染幼瓜和生长中期的瓜，初期瓜上出现略微隆起的小绿点，不腐烂，严重时从圆形伤口处流出白色菌脓。

3. 缘枯病

发病时期　全生育期均可发病。

识别要点

（1）叶片：初期在叶缘小孔附近产生水渍状小点，扩大成为淡黄褐色不规则形坏死斑，严重时在叶片上产生大型水渍状坏死斑，随病害发展沿叶缘干枯，病斑发生在周围是泡状且有些黄化的叶面基础上，干枯后呈连片性的不规则枯干斑，可区别于疫病。

（2）叶柄、茎蔓：呈油渍状暗绿色至黄褐色，以后龟裂或坏死，有时在裂口处溢出黄白色至黄褐色菌脓。

（3）果实：果柄油渍状退绿，果实表面着色不均，有黑斑点，具油光，果肉不均匀软化，空气潮湿，病瓜腐烂，溢出菌脓，有臭味。

4. 细菌性角斑病

发病时期 全生育期均可发病。

识别要点

（1）叶片：出现圆形或不规则形的黄褐色病斑；叶片上病斑开始为水渍状，以后扩大形成黄褐色、多角形病斑，有时叶背面病部溢出白色菌脓，后期病斑干枯，易开裂。

（2）果实：病斑初为水浸状，圆形或卵圆形，稍凹陷，呈绿褐色。有时数个病斑融合成大斑，颜色变深呈褐色至黑褐色。严重时内部组织腐烂，轻时只在皮层腐烂。

霜霉病与细菌性角斑病的区别

（1）前者病斑较大，颜色较深，黄褐色，不穿孔；后者病斑较小，颜色较浅，质脆易破裂穿孔。

（2）前者潮湿时叶背病斑上产生黑紫色霉层；后者潮湿时叶背病斑上溢出白色菌脓，干后留下白痕。

（3）摘下病叶对太阳光观察，前者病斑无透光感，后者有明显透光感。

（4）前者不为害果实；后者可为害果实，病瓜后期腐烂有臭味。

（5）简单辨别方法：将病叶取下，放在一个干净的塑料袋中稍淋点儿水，于15~20℃下放置24小时,若背面病部有黑霉产生就是霜霉病，无黑霉而有菌脓溢出就是细菌性角斑病。

细菌性病害防治措施

（1）农业防治：采用高垄地膜覆盖和搭架栽培，配合滴灌、管灌等节水措施。避免在露水或潮湿条件下进行整枝打杈等农事操作。及时清除病残体并烧毁，病穴撒石灰消毒。

（2）种子处理：可用70℃恒温干热灭菌72小时，或55℃温水浸种25分钟，或40%的福尔马林150倍液浸种1.5小时，或200毫克/千克的新植霉素和硫酸链霉素浸种2小时，冲洗干净后催芽播种。

（3）药剂防治：发病初期用铜制剂（络氨铜、铜大师、可杀得）以及农用硫酸链霉素、加收米、加瑞农等药剂喷施。发病初期也可以用刀片轻轻刮掉病皮表面，用72%农用硫酸链霉素300~400倍液在病部抹施。

（三）病毒性病害

1. 花叶病毒病

发病时期 全生育期均可发病，结果期发病较为严重。

识别要点 叶片呈花脸状，有些部位绿色变浅，早期侵染，植株矮缩，出现畸形瓜，或不结瓜。

2. 绿斑驳花叶病毒病

发病时期 全生育期均可发病，果实发育期发病较为严重。

识别要点 叶片沿叶边缘向内部分绿变浅，呈不均匀花叶、斑驳，有的出现黄斑点，果实受害后成水瓤瓜，瓤色常呈暗红色，失去商品价值。

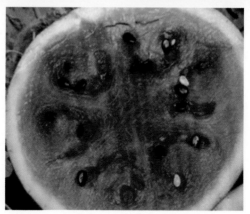

3. 退绿黄花病毒病

发病时期 全生育期均可发病，果实发育期发病较为严重。春季发病较少，以秋季发病为主。

识别要点 叶片首先慢慢退绿，直至黄化，叶脉仍保持绿色，叶片不变脆、不变厚。一般从中下部向上发展，通过烟粉虱、蚜虫等害虫传播。

4. 坏死斑点病毒病

发病时期 全生育期均可发病，以春季发病为主。

识别要点 叶片上出现坏死斑点，密密麻麻。蔓上也出现坏死斑点，通过种子和土壤中的真菌传播。

5.皱缩卷叶型病毒病

发病时期 全生育期均可发病。

识别要点 植株顶端叶片往下卷，植株矮化，不变色，仍绿。类似药害症状，通过烟粉虱传播。

防治措施

病毒性病害

（1）种子处理：70~72℃干热处理种子72小时或10%Na_3PO_4浸种20~30分钟；或种子先经过35℃24小时、50℃24小时、72℃72小时，然后逐渐降温至35℃以下约24小时处理。

（2）农业防治：防除田间杂草，适当提早定植，增施有机肥和腐殖酸性肥料，提高作物抗性，整枝打杈时不要接触病株，少量发生时拔除病株。

（3）物理防治：采用防虫网、悬挂黄板等措施减少蚜虫、烟粉虱等害虫，切断传播途径；在瓜行间铺秸秆、杂草或用田间喷水等方式增加田间湿度。

（4）药剂防治：①病毒A：盐酸吗啉呱·铜20%可湿性粉剂500~800倍。②植病灵：硫酸铜＋三十烷醇＋十二烷磺酸，1.5%植病灵Ⅱ号乳剂1 000~1 200倍。③病毒必克：病毒钝化剂Raboviror＋抑制增抗剂STR，3.95%可湿性粉剂500倍液。④抗毒丰：0.5%菇类蛋白多糖水剂200~300倍液。⑤毒氟磷（30%）：发病初期，稀释500倍液喷雾，10天1次，连续2~3次，或病毒A（或其他任何防病毒病农药均可）

10~20 毫升 + 尿素 15 克 + 天然芸薹素 2 克兑水 15 升进行喷施防治效
果较好。

（四）线虫病

发病时期　全生育期均可发病，发育后期发病较重。

识别要点

（1）主要为害根系，在侧根或须根上产生大小不等的葫芦状浅黄
色根结。解剖根结，病组织内部可见许多细小乳白色洋梨形线虫。

（2）根结上一般可长出细弱的新根，以后随根系生长再度侵染，
形成链珠状根结。

（3）田间病苗或病株轻者表现叶色变浅，中午高温时萎蔫。重者
生长不良，明显矮化，叶片由下向上萎蔫枯死，地上部生长势衰弱，
植株矮小黄瘦，果实小，严重时病株死亡。

防治措施

（1）选用无病种苗，注意防止基质带病。

（2）重病地块，深翻土壤 30~50 厘米，在春末夏初进行日光高温消毒灭虫。冬季农闲时，可灌满水后盖好地膜并压实，再密闭棚室 15~20 天，可将土中线虫及病菌、杂草等全部杀灭。

（3）药剂处理土壤，在播种或定植前，可选用 10% 噻唑膦颗粒 1~2 千克 / 亩或 3% 米乐尔（氯唑磷）颗粒 1.5~2 千克 / 亩均匀施于定植沟穴内或撒施或沟施于 20 厘米表层土内；发病期，可用 1.8% 虫螨克乳油 0.5~1 升 / 亩随灌水冲施或 41.7% 路富达（氟吡菌酰胺）0.024~0.03 毫升 / 株灌根。

（4）98% 棉隆或威百亩进行土壤消毒，可有效防治土壤传播病害。

三、 非侵染性病害

非侵染性病害是由非生物因素即不适宜的环境条件导致生理障碍而引起的植株异常，这类病害没有病原物的侵染，不能在植物个体间互相传染，具有突发性、普遍性、散发性、无病征的特点，主要包括环境异常引发的生理性病害、药害、肥害等。

（一）环境异常引发的生理性病害

1. 僵苗

发生时期　主要发生于幼苗期。

识别要点　植株生长处于停滞状态，生长量小，展叶慢，子叶、真叶变黄，根变褐，新生根少。

预防措施

（1）改善育苗环境，保证育苗适温，可采用增温、保湿、防雨，改善根系生长条件。

（2）采用高畦深沟栽培，加强排水，改善根系的呼吸环境。

（3）适时定植，避免苗龄过大，及时防治地下害虫，减少对根系的伤害。

（4）适当增施腐熟农家肥，施用化肥时应勤施薄施。

2. 自封顶苗

发生时期　以幼苗期发生为主。

识别要点　幼苗生长点退化，无法抽出新叶，仅有两片子叶或真叶，没有生长点，形成无头苗。

预防措施

（1）避免使用陈旧或瘪种子，尽量选用生命力强的新种子。

（2）严格控制营养土的比例，且保证混合均匀。

（3）加强防寒保温，增加光照，提高室温，加强幼苗管理。

（4）适时定植，促使新根发生。

（5）对已发生自封顶的幼苗可喷复合肥液，且适时整枝，选留健壮侧芽代替主茎。

3. 疯秧

发生时期　主要发生于幼苗期和伸蔓期。

识别要点　植株生长过于旺盛，出现徒长，表现为节间伸长；叶柄和叶身变长，叶色淡绿，叶质较薄；不易坐果，或坐果后果实不膨大，果型小、产量低、成熟期推迟。

预防措施

（1）控制基肥的施用量，前期少施氮肥，注意磷、钾肥的配合使用，可冲施氨基酸或腐殖酸高钾肥，叶面喷洒 300~500 倍的氨基酸钾钙肥。

（2）苗床或棚内要适时通风，增加光照，避免温度过高、湿度过大。

（3）对于疯长植株，可采取整枝、打顶、人工或座果灵辅助授粉等措施促进坐果，也可喷矮壮素等药剂抑制营养生长。

4. 急性凋萎

发生时期　全生育期均可发生，坐果前后发生较重。

识别要点　初期中午地上部萎蔫，傍晚时尚能恢复，经 3~4 天反复以后枯死，根颈部略膨大，与枯萎病的区别在于根茎维管束不发生褐变。

防治措施

（1）采用涝浇园法，即雨后天晴时，马上浇水，降低地温，同时打开排水口，使水经瓜田后迅速排出去，并及时中耕保持土壤通透性。

（2）嫁接苗应选择亲和性和抗性强、根系发达的砧木，增强其与接穗的结合面。

（3）在果实膨大后期可叶面喷施1%的硫酸镁溶液，可以减少急性萎蔫病的发生。

5. 叶片白枯

发生时期　开花前后开始发生，果实膨大期加剧。

识别要点　基部叶片、叶柄的表面硬化，叶片易折断，茸毛变白、硬化、易断，叶片黄化为网纹状，叶肉黄化褐变，呈不规则、表面凹凸不平的白色斑，白化叶仅留绿色的叶脉和叶柄。

预防措施

（1）确保叶数量，摘除侧蔓从植株基部起，控制在第10节以内。

（2）从始花期起每周喷1次1 500倍甲基托布津或6 000倍苯甲基腺嘌呤。

（3）对历年发病重的地块，施用酵素菌沤制的堆肥或充分腐熟的有机肥。

6. 畸形果

发生时期　以果实膨大期发生为主。

识别要点

（1）扁形果是果实扁圆，果皮增厚，一般圆形品种发生较多。

（2）尖嘴果多发生在长果形的品种上，果实尖端渐尖。

（3）葫芦形果表现为先端较大，而果柄部位较小。

（4）偏头畸形果表现为果实发育不平衡，一侧生长正常，而另一侧生长停顿。

预防措施

（1）前期出现畸形瓜胎，如果外界气温低，不要急于摘除，待外界气温升高，保留后面雌花坐瓜，并及时摘除前面畸形瓜胎。

（2）在开花坐果期，控制生长，以防徒长，避免高节位坐瓜。

（3）加强田间管理，水分均衡供应。

（4）低温条件下进行人工或座果灵辅助授粉，做到授粉均匀。

（5）减少坐果期和膨瓜期病虫的为害。

7. 裂果

发生时期　多发生在果实膨大期和采收期。

症状识别

（1）田间静态下果皮爆裂，通常由果实膨大期温度、土壤水分变化较大或激素过量使用引起，一般从花朵痕部首先开裂。

（2）采收、运输的过程由振动而引起裂果，果皮薄、质脆的品种容易裂果。

预防措施

（1）选择不易开裂的品种，采用棚栽防雨及合理的肥水管理措施。

（2）增施钾肥提高果皮韧性。

（3）傍晚时采收，尽量减少果实的振动等。

（4）适量使用激素，切勿随意加大使用浓度。

8. 脐腐果

发生时期　多发生在果实膨大后期。

症状识别

（1）在果脐部收缩、干腐，形成局部褐色斑，果实其他部分无异常。

（2）后期湿度大时，遇腐生霉菌寄生会出现黑色霉状物。

预防措施

（1）增施腐熟饼肥和过磷酸钙，畦面全层覆盖地膜，适时浇水。

（2）均衡供应肥水，干旱天气适时浇水抗旱。

（3）叶面喷施 1% 过磷酸钙溶液。

9. 肉质恶变果

发生时期　多发生在果实膨大后期。

症状识别

（1）发育成熟的果实在外观上与正常果实无异常，拍打时发出"当当"的敲木声。

（2）剖开时发现果肉呈紫红色、浸润状，果肉变硬、半透明，同时可闻到一股酒味，完全丧失食用价值。

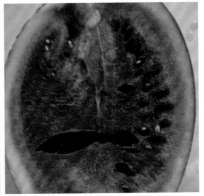

预防措施

（1）高温季节果实应避免阳光暴晒，可用杂草遮盖果实。

（2）果实膨大期增施腐熟饼肥 100 千克，磷酸二铵与硫酸钾各 10~15 千克，适时适量浇水，防止早衰。

（3）适当整枝，避免整枝过度抑制根系的生长。

（4）防止病毒传播，切断病毒传播途径。

（二）药害

药害是指因使用农药不当而引起西瓜植株反应出各种病态，包括作物体内生理变化异常、生长停滞、植株变态甚至死亡等一系列症状。从药害症状表现时间划分为急性药害和慢性药害。

（1）急性药害：通常在施药后10天内表现出症状，一般发生很快，症状明显，大多表现为斑点、失绿、烧伤、凋萎、落花、落果、卷叶、畸形、幼嫩组织枯焦等。

（2）慢性药害：通常施药后10天后才会出现药害症状，且症状不明显，主要影响作物的生理活动，如出现黄化、生长缓慢、畸形、小果等。

1. 药害症状类型

（1）斑点：主要表现在叶片上，有时也发生在茎秆或果实表皮上，有褐斑、黄斑、枯斑等。

1）与生理性病害斑点的区别：前者在植株上的分布往往没有规律性，全田亦表现有轻有重。而后者通常发生普遍，植株出现症状的部位较一致。

2）与真菌性病害的区别：前者斑点大小、形状变化大，而后者具有发病中心，斑点形状较一致。

（2）黄化：表现在植株茎叶部位，以叶片发生较多。主要是农药阻碍了叶绿素的合成，或阻断叶绿素的光合作用，或破坏叶绿素。

1）与营养缺乏的黄化的区别：前者往往由黄叶发展成枯叶，后者常与土壤肥力的施肥水平有关，在全田黄苗表现一致性。

2）与病毒引起的黄化的区别：后者常有碎绿状表现，且病株表现系统性症状，在田间病株与健株混合发生。

（3）畸形：植物的各个器官都可能发生，常见的畸形有卷叶、丛生、根肿、畸形果等。

与病毒病引起畸形的区别：前者发生具有普遍性，在植株上表现局部症状；后者往往零星发病，常在叶片混有碎绿、明脉、皱叶等症状。

（4）枯萎：一般整株表现，此药害大多因除草剂使用不当造成。

与侵染性病害引起枯萎的区别：前者没有发病中心，而且发生过程较慢，先黄化，后死株，根茎中心无褐变。

（5）生产停滞：抑制了作物正常生长，使植株生长缓慢。

与生理性病害引起发僵的区别：前者往往有药斑或其他药害症状，

而后者则表现为根系生长差，叶色发黄。

（6）劣果：果实变小或果表面异常、品质变劣，有时果肉变色，且伴有异味。

与侵染性病害引起劣果的区别：前者往往伴有其他症状，后者往往有病症，且表现为系统症状。

2. 常见的药害及预防方法

（1）有机磷类药害：

发生时期　以幼苗期发生较为严重。

症状识别

1）未出土幼芽异常变粗、变短，生长停滞或者极慢，药害严重时难以出苗，药害较轻时出土瓜苗生长缓慢。

2）叶片变厚、浓绿，茎蔓直立，生长十分缓慢，茎叶硬脆，极易折断。

3）新叶发黄，生长点丛生。

预防措施

1）尽量不用敌百虫等有机磷农药拌种或浸种。

2）瓜苗出土后如需要防治害虫，可拌成毒饵使农药接触不到瓜苗的任何部位。

（2）菊酯类药害：

发生时期 全生育期均可发生，幼苗期较易发生。

症状识别

1）双效菊酯和溴氰菊酯常引起叶色浓绿变厚，叶缘上卷，生长点停滞，不出现新叶和蔓节。

2）氰戊菊酯常引起新生嫩叶边缘呈现黄色，形成金边叶或黄色斑块，生长速度迟缓。

预防措施

1）使用菊酯农药时尽量降低施药浓度。

2）产生药害后立即用清水多次喷洒冲洗，适量多次浇水，一般15~36天可使受害瓜苗恢复生长。

（3）重金属类药害：

发生时期 主要发生于幼苗期和膨瓜期。

症状识别

1）叶片退绿，幼芽和叶缘、叶尖青枯，出现叶斑及类似病毒病的花叶症状等。

2）果实上形成小斑点，且不向果实内部蔓延，通常以白皮或黄皮瓜发生较为严重。

预防措施

1）高温期使用，应加大稀释倍数；幼苗期严格控制使用浓度。

2）尽量不与其他药剂混用。

3）果实膨大期慎用，可采用套袋的方法使药液与果实隔离。

（4）唑类药害：

发生时期 种子萌芽期、幼苗期、花期和幼瓜期易发生。

症状识别

1）浸种后轻则导致根少，根部畸形，重则不生根，不出苗。

2）幼嫩组织硬化、发脆、易折断，叶片变厚，叶色变深，植株生长滞缓、矮化，组织坏死。

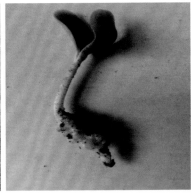

预防措施

1）严格控制使用浓度和使用次数，通常在推荐的浓度下使用，一般连续使用不超过 2 次。

2）幼苗期至幼果期慎用。

3）发生药害后，可喷施 6% 赤霉素 1 000 倍液 +0.3% 尿素 500 倍液，或锌加硒 30 毫升，或芸胺 120+0.3% 尿素的 500 倍液，促进快速生长。

（5）植物激素药害：

发生时期　以坐果期使用座瓜灵发生为主。

症状识别

1）叶片受害，导致叶缘失绿干枯，再生新叶叶缘色浅，叶近圆形。

2）果实受害，产生畸形果或造成裂果，失去商品价值。

预防措施

1）尽量少接触叶片，授粉时尽量采用喷花。

2）应根据温度变化改变座瓜灵的浓度，18℃以下时，10毫升的座瓜灵兑3升水比较合适；达到30℃时，可兑4升水。

（6）除草剂药害。

发生时期　全生育期均可发生。

症状识别

1）灼烧是指叶片、茎蔓和果实表面出现大小不等、形状不规则的灼烧坏死斑。如草甘膦出现药害表现为新叶落黄，叶片枯焦，茎蔓由上而下出现褐色条状中毒斑，随后整个植株萎蔫失水枯死；百草枯喷到西瓜叶片会造成叶片灰白色或灰褐色斑。

2）畸形是指受害部位节间缩短、叶片增厚变小、皱缩、扭曲或畸形，或植株幼嫩部位组织增生，幼芽密集，整体生长不正常。如酰胺类除草剂（异丙甲草胺、丁草胺）用量过大或误用茎叶处理，植株表现为生长较正常植株稍缓慢，严重时植株上部叶片明显皱缩。

3）枯萎是指受害植株出现嫩叶黄化、叶缘枯焦、植株萎缩。如误施乙草胺，或邻近田块喷洒乙草胺飘移到西瓜上，植株就会表现为嫩梢叶片发焦枯萎，导致生育进程缓慢。

4）生长停滞是指受害植株正常生长受到抑制，生长缓慢。如受磺酰脲类除草剂（绿磺隆）为害，轻者导致植株生长受明显抑制,植株矮小，叶片退绿黄化；重者植株生长受严重抑制，生长停止。

预防措施

1）根据不同的生长时期选择除草剂：①定植前：土壤可喷施48%氟乐灵乳油或60%丁草胺乳油。②出苗前：施用50%萘丙酰草胺可湿性粉剂或异丙甲草胺乳油等。③出苗后：施用35%吡氟禾草灵乳油或8.8%精喹禾草乳油。④瓜苗5片叶时：喷施10.8%吡氟氯禾灵乳油。⑤大棚、拱棚及地膜栽培：应选择挥发性较小的药剂，如50%萘丙酰草胺可湿性粉剂。

2）施用除草剂时应严格按照说明书施用，使用时要摇匀，先配成母液再进行第2次稀释，不可随意加大用药量；使用低剂量要以确保安全为宜，除草剂的用量应根据西瓜田喷雾的实际面积计算。

3）施用除草剂应选择无风或微风的晴好天气，以防药液下渗到种子、根系上，加大作物的吸收量，或药液随风飘移对其他作物造成药害。

4）喷施过除草剂的喷雾器，用完后应立即清洗。清洗方法：用60℃的热碱水（洗衣粉）浸泡2~3小时,在浸泡过程中要使导管、喷杆、喷头等都充满洗液，并不断摇动，再用清水反复冲洗2~3次，以防止二次药害。

5）对于酸性除草剂，可用0.2%的生石灰或0.2%的碳酸钠稀释液喷洗；对于碱性除草剂，可采用醋酸多次喷雾法解毒；对于药害连片的田块，还可灌足量水，缓解药害。

6）可用 0.0 016% 芸薹素内酯 1 500 倍液，喷在叶片的正反面。也可结合喷施芸薹素内酯或赤霉素，加入少量尿素、磷酸二氢钾和适量速生根液，每 4 天左右喷施 1 次，缓解药害。

3. 常用的药害补救措施

（1）清水冲洗。因施药浓度过大造成药害，可在施药 6 小时以内用喷雾器装满清水对着茎叶反复喷洗，以冲去残留在植株表面的药剂，减轻药害；冲洗时，喷雾器的气压要足，喷洒的水量要大。

（2）利用强氧化剂以毒攻毒。发生药害或发现用药不当时，立即喷洒高锰酸钾 5 000~7 000 倍液，可缓解药害。

（3）加强管理。结合浇水，增施腐熟人畜粪尿、碳铵、硝铵、尿素等速效肥料，促进根系发育和再生，恢复受害植物生理机能，促进植株健康生长；同时，加强中耕松土，破除土壤板结，促进有益微生物活动，增强根系对养分和水分的吸收能力，使植株尽快恢复生长发育，降低药害造成的损失。

（4）喷施缓解药害的药物。

1）氧乐果、对硫磷等农药的药害，可在受害作物上喷施 0.2% 的硼砂溶液；受多效唑抑制过重，可适当喷施赤霉酸溶液等。

2）酸性农药药害，可撒施一些生石灰或草木灰；药害较强的，还可以用 1% 的漂白粉液进行叶面喷施。

3）碱性农药药害，可增施硫酸铵等酸性肥料。

4）无论何种药害，叶面喷施 0.1%~0.3% 磷酸二氢钾溶液，或用 0.3% 尿素液 +0.2% 磷酸二氢钾液混喷，均可显著降低药害造成的损失。

5）结合根部施肥和浇水，叶面喷施磷、钾肥，以改善植株营养状况，增强根系吸收能力。具体方法是：将优质过磷酸钙 1 千克，兑水 40~50 千克，浸泡一昼夜，取上层清液喷洒茎叶，再加上 0.2%~0.3% 磷酸二氢钾溶液，每亩喷洒 50 千克，或根外喷施 1.8% 爱多收 6 000 倍液，有利于减轻药害。

（三）营养元素缺乏引发的生理性病害

缺素症引起的生理性病害，是由生长环境中缺乏某种营养元素或营养物质不能被根系吸收利用引起的，通常可通过施用相应的大量或微量元素肥料进行矫正。

1. 氮缺乏

发生时期 苗期至营养生长期。

症状识别

（1）植株生长缓慢，茎叶细弱，下部叶片绿色褪淡，茎蔓新梢节间缩短，幼瓜生长缓慢，果实小，产量低。

（2）基部叶片开始发黄，逐步向新叶发展。

预防措施

（1）每亩用尿素 10~15 千克（一般苗期缺氮，每株 20 克左右；伸蔓期缺氮，每亩 9~15 千克；结瓜期缺氮，每亩 15 千克左右）或每亩用人粪尿 400~500 千克兑水浇施。

（2）用 0.3%~0.5% 尿素溶液（苗期取下限，坐果前后取上限）叶面喷施。

2. 磷缺乏

发生时期 苗期至花期。

症状识别

（1）根系发育差，植株细小。

（2）叶小，顶部叶浓绿色，下叶呈紫色。

（3）花芽分化受到影响，开花迟，成熟晚，而且容易落花和"化瓜"。

（4）果肉中往往出现黄色纤维和硬块，甜度降低，种子不饱满。

预防措施

（1）每亩用过磷酸钙15~30千克开沟追施。

（2）用0.4%~0.5%过磷酸钙浸出液叶面喷施。同时，调整土壤水分和温度，促进根系发育，提高植株吸肥能力。

3. 钾缺乏

发生时期 以果实膨大期到成熟期发生为主。

症状识别

（1）植株生长缓慢，茎蔓细弱。

（2）叶面皱曲，下部叶尖及叶缘变黄，并渐渐地向内扩展，严重时还会向心叶发展，甚至叶缘也出现焦枯状。

（3）坐果率很低，已坐的瓜，个头也小，含糖量低。

（4）钾缺乏与镁缺乏的区别：前者是从叶缘开始失绿，向内侧扩展，变色部分与绿色部分对比清晰，而后者是从叶内侧开始失绿。

预防措施

（1）施用化肥时，氮、磷、钾肥要合理搭配，防止氮肥施用过多。

（2）坐果后应结合浇水追肥 1 次，每亩施复合肥 15 千克、硫酸钾 10 千克。

（3）采用叶面追肥的方法，用 0.1% 的磷酸二氢钾水溶液喷施茎叶效果更好。

4. 钙缺乏

发生时期 以果实膨大期到成熟期发生为主。

症状识别

（1）叶缘黄化干枯，叶片向外侧卷曲，呈降落伞状，植株顶部一部分变褐而死，茎蔓停止生长。

（2）常引起果实畸形，顶端枯萎。

（3）钙缺乏与其他症状的区别：仔细观察生长点附近叶片黄化症状，如果叶脉不黄化呈花叶状，则可能是病毒病。同样的症状出现在中位叶上，而上位叶是健康的，则可能是缺乏其他元素。生长点附近萎缩，可能是缺硼。钙不足，引起植株软弱徒长、雌花不充实等。

预防措施

（1）遇长期干旱天气时，适时浇水，促进西瓜根系对硼素的吸收，进而提高对钙的吸收。

（2）增施石膏粉或含钙肥料，如过磷酸钙溶液叶面喷施。

5. 锌缺乏

发生时期 全生育期均可发生。

症状识别

（1）茎蔓条纤细，节间短，新梢丛生，生长受到抑制。

（2）多出现在中、下位叶，而上位叶一般不发生黄化。

（3）叶小丛生状，新叶上发生黄斑，渐向叶缘发展，全叶黄化，叶尖和叶缘向叶背翻卷并逐渐焦枯。

（4）出现开花少、坐瓜难等不良现象。

（5）锌缺乏与钾缺乏的区别：前者是全叶黄化，渐渐向叶缘发展；后者是叶缘先黄化，渐渐向内发展，缺锌症状严重时，生长点附近的节间缩短。

预防措施

（1）在基肥中，每亩施硫酸亚锌 1~2 千克可防止发生缺锌症。

（2）对已发生缺锌症的植株，应及时喷洒 0.1%~0.2% 硫酸锌水溶液。

（3）可叶面喷施 0.2% 硫酸锌 +0.1% 熟石灰，连喷 2~3 次。

6. 镁缺乏

发生时期　伸蔓期至果实膨大期。

症状识别

（1）果实膨大时，近旁的老叶叶脉间首先黄化失绿。

（2）在生长后期，除叶脉残留绿色外，叶脉间均变黄，严重时黄化部分变褐色，落叶。

（3）镁缺乏与其他症状的区别：生育初期、结瓜前发生失绿症，缺镁的可能性不大，可能是保护地内受到气体的伤害。注意失绿症发生的叶片位置，如果是上位叶发生失绿症可能是其他原因。缺镁时叶片不卷缩，如果硬化、卷缩应考虑其他原因。失绿症分为叶缘失绿并向内侧扩展和叶缘为绿色叶脉间失绿两种情况，前者为缺钾，后者为缺镁。

预防措施

（1）在基肥中，每亩施硼镁肥 6~8 千克可预防缺镁症状。

（2）如已发生缺镁症状，可立即用 0.1%~0.15% 硫酸镁水溶液叶面喷洒，防止心叶黄化。

7. 硼缺乏

发生时期 营养生长期至果实膨大期。

症状识别

（1）新叶不伸展，叶面凸凹不平，叶色不匀。

（2）新蔓节间变短，蔓梢向上直立，且新蔓上有横向裂纹，脆而易断。断面呈褐色，严重时生长点死亡，停止生长，有时蔓梢上分泌红褐色膏状物。

（3）常造成花发育不全，果实畸形或不能正常结果。

预防措施

（1）适时浇水，提高土壤可溶性硼含量，以利植株吸收。

（2）定植前，每亩施硼砂 1.5~2 千克，可有效防止缺硼症的发生。

（3）缺硼时，可及时喷洒 0.2% 的硼砂或硼酸水溶液。

8. 锰缺乏

发生时期 营养生长期至果实膨大期。

症状识别

（1）首先新叶脉间发黄，主脉仍为绿色,使叶片产生明显的网纹状，以后逐渐蔓延至成熟老叶。

（2）较重时，主脉也变黄。长期严重缺锰，致使全叶变黄。

（3）种子发育不充分，果实易畸形。

预防措施

（1）播前用 0.05%~0.1% 硫酸锰溶液浸种 12 小时或结合整地做畦，每亩施硫酸锰 1~4 千克与有机肥混匀作基肥，以防锰缺乏。

（2）若发现缺锰，应及时用 0.06%~0.1% 硫酸锰溶液根外追施。

9. 铁缺乏

发生时期　营养生长期。

症状识别

（1）首先在植株顶端的嫩叶上表现症状。

（2）初期或不严重时，顶端新叶叶肉失绿，呈淡绿色或淡黄色，叶脉仍保持绿色。

（3）随着时间的延长或严重缺铁，叶脉绿色变淡或消失，整个叶片呈黄色或黄白色。

（4）铁缺乏与其他症状的区别：在生长点附近的叶片开始出现黄化，新叶的叶脉间先黄化，逐渐全叶黄化，但叶脉间不出现坏死症状。如发现叶片黄化，及时补铁，可在黄白叶上方长出绿叶。缺铁的叶片呈鲜亮的黄化，叶缘正常，不停止发育。如果是全叶黄化则为缺铁症，如果上位叶是斑点状黄化，则可能是病毒病。

预防措施

（1）增施有机肥对铁有活化的作用。

（2）改良土壤，碱性土壤施用酸性肥料，也可施用螯合铁等铁剂改良土壤。

（3）避免磷和铜、锰、锌等重金属过剩。

（4）田间出现缺铁症状时，可叶面喷洒 0.1%~0.2% 硫酸亚铁溶液。

（四）肥害

肥害是指因施肥过多，或因施肥过分集中，或因施肥不当对作物造成的可见性伤害，常常会导致作物减产，主要有脱水型、熏伤型、烧种型、毒害型等几种类型。

1.常见肥害类型

（1）脱水型肥害：

症状识别　植株表现萎蔫，似霜冻或开水烫过一样，轻者影响生长发育，重者全株死亡。

发生原因　一次性施用化肥过多，或者土壤水分不足，施肥后土壤内肥料溶液浓度过大，引起农作物细胞内水分反渗透，造成作物脱水。

（2）熏伤型肥害：

症状识别　一般造成下部叶尖发黄，影响生长发育，重者使全株赤黄枯死。

发生原因 在气温较高时施用氨水、碳酸氢铵等肥料容易产生大量氨气，对农作物造成伤害。

（3）烧种型肥害：

症状识别 常常会出现烧种或烧叶，出现幼苗不发新根或叶片干枯。

发生原因 施用种肥用量过多，或者用过磷酸钙，或用碱性易挥发的碳酸氢铵以及尿素、石灰氮等化肥拌种；另外，在进行叶面施肥时，使用的浓度过大，也会造成叶片烧伤。

（4）毒害型肥害：

症状识别 植株受害生长停滞，甚至枯死。

发生原因 有些化肥如石灰氮是一种有毒肥料，施入土壤后，要经过一系列的转化才能被植物吸收，但在转化过程中会产生一些有毒物质毒害农作物。

2. 常见肥害预防措施

（1）不施生有机肥料，有机肥料必须腐熟再施用，尤其是禽粪要发酵；有机肥应与化肥配合使用。

（2）合理使用化肥，使用化肥必须先测量并按浓度施用，尤其是氮肥一次不能过多。叶面喷施浓度不宜过高。尿素作叶面肥，浓度不应超过 0.3%，喷洒湿润即可。

（3）增施有机肥料，施入土壤中的有机肥，对阳离子具有很强的吸附能力，可提高土壤的缓冲能力，大大减少肥害的发生。

（4）施肥要距根系 10 厘米左右，并且要深施。追肥后要立刻覆土，土壤过旱要及时灌水，并降低肥料浓度，避免发生烧苗。

四、 虫害

1. 蚜虫

发生时期　全生育期均可发病。

为害症状　瓜蚜的成蚜及若蚜群集在叶背和嫩茎上吸食作物汁液，引起叶片皱缩。瓜苗嫩叶及生长点被害后，叶片卷缩，瓜苗萎蔫，甚至停止生长；老叶受害，虽然叶片不卷曲，但受害叶提前干枯脱落，缩短结瓜期，造成减产。此外，瓜蚜还能传播病毒病，其排出的蜜露还会诱发煤烟病。

形体特征　蚜虫可分为有翅蚜和无翅蚜，体长 1.5~1.9 毫米，口器刺吸式，体形呈卵圆形，腹部多为黄绿色或黑蓝色，腹部末端有腹管和尾片，尾片圆锥形；卵椭圆形，初产橙黄色，后变漆黑色，有光泽。

防治措施

（1）农业防治：①除草防蚜，春季铲除瓜田和四周的杂草，消灭越冬卵，减少虫源基数。②诱避防蚜，采取银灰色薄膜避蚜和设黄板诱蚜杀蚜。

（2）药剂防治：选用70%吡虫啉（艾美乐）水分散剂9 000~10 000倍液，或25%噻虫嗪水分散粒剂6 000~8 000倍液，或5%啶虫脒乳油1 500~2 500倍液，或0.36%苦参碱水剂500倍液，或2.5%联苯菊酯乳油3 000倍液，或2.5%鱼藤酮乳油500倍液；采收前10~15天应停止用药。

2. 粉虱类

发生时期　全生育期均可发生。

为害症状　成虫和若虫群集叶背吸食植物汁液，引起植株生长受阻，叶片变黄、退绿、萎蔫，甚至全株枯死，此外，粉虱为害时分泌蜜露，严重污染叶片和果实，往往引起煤污病的发生，影响植株光合作用。

形体特征　为害瓜类的粉虱主要有烟粉虱和白粉虱，其中，白粉虱若虫长椭圆形，扁平，淡黄色至黄绿色，成虫虫体黄色，翅面覆盖白色蜡粉，前翅脉有分叉，左右翅合拢平坦；烟粉虱若虫长椭圆形，淡黄色至黄白色，成虫虫体淡黄白色至白色，翅面覆盖白色蜡粉，前翅脉一条不分叉，停息时双翅合拢呈屋脊状。

防治措施

（1）农业防治：培育栽植无虫苗；育苗前清除杂草和残株，集中烧毁或深埋；通风口设尼龙纱网，防止外来虫源；与十字花科蔬菜进行轮作；在温室、大棚门窗或通风口，悬挂白色或银灰色塑料薄膜条，驱避成虫侵入；在粉虱发生初期，可在温室内设置黄板诱杀成虫。

（2）药剂防治：2.5%噻虫嗪水分散粒剂6 000~8 000倍液，或20%啶虫脒乳油3 000~4 000倍液，或25%噻嗪酮可湿性粉剂1 000倍液，或2.5%氯氟氰菊酯乳油5 000倍液，或2.5%联苯菊酯乳油3 000倍液；保护地栽培，可用80%敌敌畏乳油与锯末或其他燃烧物混合点燃熏烟杀虫。

3. 螨类

发生时期　全生育期均可发生。

为害症状　主要以成螨、若螨、幼螨群聚叶背吸取汁液，为害初期叶面出现零星退绿斑点，严重时白色小点布满叶片，使叶面变为灰白色，最后造成叶片干枯脱落，影响生长，缩短结果期，造成减产。

形态特征　成螨体型微小，呈卵圆形，锈红色或淡黄色，身体两侧各有黑斑。幼螨近圆形，有3对足，暗绿色，眼红色。若螨椭圆形，红色，有4对足，体侧有明显的块状色素。

防治措施

（1）农业防治：秋耕秋灌，恶化越冬螨的生态环境；清除棚边杂草，消灭越冬虫源。天气干旱时，进行灌水，增加瓜田湿度，形成不利叶螨生育繁殖的条件。

（2）生物防治：田间释放捕食螨，以虫治虫。

（3）药剂防治：可选用1.8%阿维菌素4 000倍液，或20%速螨酮+5%噻螨酮1 500~2 000倍液，或24%螺螨酯3 000倍液。重点喷洒植株上部的嫩叶背面、嫩茎及幼果等部位，并注意农药交替使用。

4. 瓜绢螟

发生时期 全生育期均可发生。

为害症状 以幼虫为害叶片，1~2龄幼虫在叶背啃食叶肉，仅留透明表皮，呈灰白斑；3龄后吐丝将叶或嫩梢缀合，匿居其中取食，致使叶片穿孔或缺刻，严重时仅剩叶脉。幼虫还啃食西瓜表皮，留下疤痕，并常蛀入瓜内为害，严重影响瓜果产量和质量。

形态特征　幼虫共 5 龄，老熟幼虫体长，头部前胸背板淡褐色，胸腹部草绿色，亚背线呈两条较宽的乳白色纵带，气门黑色。

防治措施

（1）农业防治：采收完毕后，将枯藤落叶收集后沤肥或烧毁，减少田间虫口密度或越冬基数；在幼虫发生初期，摘除卷叶，捏杀幼虫和蛹。

（2）物理防治：安装杀虫灯或黑光灯诱杀成虫。

（3）药剂防治：可选 10% 三氟吡醚乳油 1 000 倍液，或 5% 虱螨脲乳油 1 000 倍液，或 5% 氟虫腈悬浮剂 1 500~2 000 倍液，或 15% 茚虫威 3 000 倍液，或 5% 甲维盐 4 000 倍液，或 10% 溴虫腈 1 000 倍液喷雾。

5. 种蝇

发生时期　主要发生于幼苗期。

为害症状　种蝇是多食性害虫，主要为害幼苗，幼虫自根颈部蛀入，顺着茎向上为害，被害苗倒伏死亡，再转移到邻近的幼苗，常出现成片死苗。

形态特征　幼虫似粪蛆，前端细，尾端粗，白色至浅黄色，头退化，仅有 1 对黑色口钩。蛹长椭圆形，黄褐色，尾部有 7 对突起。

防治措施

（1）农业防治：在苗床和大田禁忌施用未经腐熟的有机肥。

（2）生物防治：利用糖醋液诱杀成虫。

（3）药剂防治：①防治幼虫，可药剂拌种或播种时撒毒土、灌

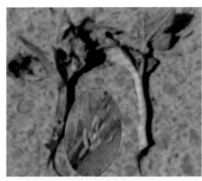

药等；也可用75%灭蝇胺5 000倍液，或1%阿维菌素3 000倍液，或5%氟虫腈悬浮剂2 000倍液喷洒；②防治成虫，可用2.5%溴氯菊酯或20%氰戊菊酯2 500倍液。

6. 蓟马

为害症状 以成虫和若虫锉吸西瓜心叶、嫩芽、嫩梢、幼瓜的汁液。嫩梢、嫩叶被害后不能正常伸展，生长点萎缩、变黑，呈锈褐色，新叶展开时出现条状斑点，茸毛变黑而出现丛生现象。幼瓜受害时质地变硬，茸毛变黑，出现畸形，易脱落。成瓜受害后瓜皮粗糙，有黄褐色斑纹或瓜皮长满锈皮。

形态特征 成虫体长1毫米左右，全体黄色，翅狭长，透明，周缘具长缘毛；若虫初为白色透明，后为浅黄色至深黄色。

防治措施

（1）农业防治：清除瓜田杂草，加强水肥管理，于成虫盛发期，在田间设置蓝色诱虫黏胶板，诱杀成虫。

（2）药剂防治：可选用 10% 多杀霉素 1 000 倍液，或 70% 吡虫啉水分散剂 10 000 倍液，或 25% 噻虫嗪水分散粒剂 6 000~8 000 倍液，或 5% 氟虫腈胶悬剂 1 500~2 500 倍液喷雾。

7. 黄守瓜

发生时期 全生育期均可发生，苗期受害影响较大。

为害症状 成虫为害花、幼瓜、叶和嫩茎，早期取食幼苗和嫩茎，常引起死苗。取食叶片，咬食成环形、半环形食痕或孔洞，甚至使叶片支离破碎。幼虫在土中咬食细根，导致瓜苗整株枯死，还可蛀入接近地面的瓜果内为害，引起腐烂。

形态特征 成虫体为长椭圆形甲虫，全体呈橙黄色或橙红色。触角间隆起似脊，触角丝形，约为体长的一半；老熟幼虫头褐色，胸腹部末节硬皮板为长椭圆形，向后方伸出，上有圆圈状褐色斑纹。

防治措施

（1）农业防治：利用假死性，人工捕杀成虫。也可采用地膜栽培或在瓜苗周围撒草木灰、糠秕、木屑等，防止成虫产卵。

（2）药剂防治：控制瓜类幼苗期成虫为害和产卵。苗期毒杀用

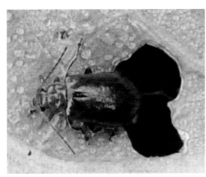

18.1% 顺式氯氰菊酯乳油 2 000 倍液，或 2.5% 鱼藤酮乳油 500~800 倍液，或 2.5% 溴氰菊酯乳油 3 000~4 000 倍液等喷雾；防治幼虫可用 1.8% 阿维菌素 4 000 倍液灌根。

8. 地老虎

发生时期 全生育期均可发生，以苗期最为严重。

为害症状 以幼虫为害，咬断植物幼苗近地面的茎，造成缺苗断垄，并将咬断的嫩茎拖回洞穴，半露地表，极易发现。

形态特征 幼虫体头褐色，体黄褐色至黑褐色，有两条对称的深褐色纵带，体表布满大小不等的黑色圆形小突起，臀板黄褐色。

防治措施

（1）农业防治：①冬春除草，消灭越冬幼虫；生长期清除田间周围杂草，以防地老虎成虫产卵。②诱杀成虫，用黑光灯或糖醋液诱杀成虫（糖醋液是糖、醋、酒各 1 份，加水 100 份，加少量敌百虫）。③栽苗前在田间堆草，诱杀成虫，人工捕捉。

（2）药剂防治：可用 90% 晶体敌百虫 0.25 千克，加水 4~5 升，喷到炒过的 20 千克菜饼或棉仁饼内，做成毒饵，傍晚撒在秧苗周围；也可用敌百虫 0.5 千克，溶解在 2.5~4.0 千克水中，喷于 60~75 千克菜叶、西瓜瓜肉或鲜草上，于傍晚撒在田间诱杀。

9. 果实蝇

为害症状　成虫产卵管刺入幼瓜表皮内产卵，幼虫孵化后即在瓜内蛀食，受害的瓜先局部变黄，而后全瓜腐烂变臭，造成大量落瓜，即使不腐烂，刺伤处凝结着流胶，畸形下陷，果皮硬实，瓜味苦涩。

形态特征　成虫体型似小型黄蜂，黄褐色至红褐色，前胸背面两侧各有 1 个黄色斑点，中胸两侧各有 1 个较粗的黄色竖条斑，背面有并列的 3 条黄色纵纹，后胸小盾片黄色至土黄色，翅膜质透明，杂有暗黑色斑纹；卵细长，一端稍尖，乳白色；老熟幼虫，乳白色，蛆状；蛹长，黄褐色，圆筒形。

防治措施

（1）农业防治：清洁田园，及时摘除、收集落地烂瓜并集中处理（喷药或深埋）；瓜果刚谢花或花瓣萎缩时进行套袋，防止成虫产卵为害。

（2）物理防治：安装频振式杀虫灯诱杀，零星菜园可用敌敌畏糖醋液诱杀成虫，能有效减少虫源；被瓜实蝇蛀食和造成腐烂的瓜，应进行消毒后集中深埋。

（3）化学防治：在成虫盛发期，于中午或傍晚喷施 21% 灭杀毙乳油 4 000~5 000 倍液，或 2.5% 敌杀死 2 000~3 000 倍液，或 50% 敌敌畏乳油 1 000 倍液。

10. 美洲斑潜蝇

发生时期　全生育期均可发生。

为害症状　成、幼虫均可为害，雌成虫飞翔把叶片刺伤，进行取

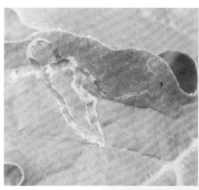

食和产卵，幼虫潜入叶片和叶柄为害，产生不规则蛇形白色虫道，俗称"鬼画符"。

形态特征 成虫小，浅灰黑色，胸背板亮黑色，体腹面黄色。幼虫蛆状，初无色，后变为浅橙黄色至橙黄色，后气门突呈圆锥状突起。

防治措施

（1）农业防治：与其不为害的作物进行套种或轮作；定时清洁田园，把受害植株的残体集中深埋、沤肥或烧毁。

（2）物理防治：在成虫始盛期至盛末期，利用诱蝇纸诱杀成虫。

（3）药剂防治：在幼虫2龄前，1.8%害极灭乳油3 000倍液，或98%可湿性巴丹2 000倍液，或50%蝇蛆净2 000倍液，或爱福丁800倍液，或威敌内吸杀虫剂1 000倍液，或90%杀虫单可湿性粉剂800倍液，或80%敌敌畏乳油1 000倍液等喷雾；注意轮换使用各种药剂，以免产生抗药性。

五、 草害

　　瓜田杂草不仅会大量消耗土壤中的养分和水分，而且直接妨碍瓜苗的生长，中后期的杂草易造成收获上的困难，更与西瓜、甜瓜植株争光、争水，影响光照和空气流通，恶化其生长条件，同时很多杂草是瓜类病虫害的中间寄主。所以，杂草对西瓜、甜瓜的生长极为不利，必须尽早除去。

（一）瓜田主要杂草

1. 马齿苋

识别要点

（1）一年生肉质草本，全体光滑无毛。

（2）幼苗紫红色，下胚轴较发达。

（3）茎自基部分枝，平卧或先端斜上。叶互生或假对生，柄极短或近无柄。

（4）叶片倒卵形或楔状长圆形，全缘。

（5）花 3~5 杂簇生枝顶，无梗；苞片 4~5 枚膜质；萼片 2 枚；花瓣黄色，5 枚。

2. 野苋菜

识别要点

（1）单叶，互生或对生，无托叶。

（2）花小、两性或单性，辐射对称；穗状、圆锥或头状花序；萼片 3~5 枚，膜质；雄蕊 1~5 枚，与萼片对生。

（3）胞果，常盖裂。

3. 灰菜

识别要点

（1）茎直立，粗壮，具条棱及绿色或紫红色色条，多分枝；枝条斜升或开展。

（2）叶为较宽的平面叶，菱状卵形至宽披针形，先端急尖或微钝，基部楔形至宽楔形，上面通常无粉，有时嫩叶的上面有紫红色粉，下面多少有粉，边缘具不整齐锯齿。

（3）花两性，花簇于枝上部排列成或大或小的穗状或圆锥状花序。

4. 马唐

识别要点

（1）秆常圆柱形，直立或下部倾斜，膝曲上升，节间常中空，无毛或节生柔毛。

（2）叶2列,叶鞘短于节间,边缘常分离而覆盖；叶片线状披针形，基部圆形，边缘较厚，微粗糙，具柔毛或无毛。

（3）由小穗组成种花序。

（4）穗轴直伸或开展,两侧具宽翼,边缘粗糙；小穗椭圆状披针形，脉间及边缘大多具柔毛。

5. 画眉草

识别要点

（1）叶鞘稍压扁，鞘口常具长柔毛；叶舌退化为一圈纤毛。

（2）叶片线形，扁平或内卷，背面光滑，表面粗糙。

（3）圆锥花序较开展，分枝腋间具长柔毛，小穗成熟后暗绿色或带紫黑色。

6. 狗尾草

识别要点

（1）根为须状，高大植株具支持根，秆直立或基部膝曲。

（2）叶鞘松弛，无毛或疏具柔毛或疣毛，边缘具较长的密绵毛状纤毛。

（3）叶片扁平，长三角状狭披针形或线状披针形，先端长渐尖或渐尖，基部钝圆形，边缘粗糙。

（4）圆锥花序紧密，呈圆柱状或基部稍疏离，直立或稍弯垂。

7. 旱稗草

识别要点

（1）秆直立，基部倾斜或膝曲，光滑无毛。

（2）叶鞘松弛，下部者长于节间，上部者短于节间；无叶舌；叶片无毛。

（3）圆锥花序主轴具角棱，粗糙；小穗密集于穗轴的一侧，具极短柄或近无柄。

8. 三棱草
识别要点

（1）块茎圆球形，具须根。

（2）叶柄基部具鞘，鞘内、鞘部以上或叶片基部（叶柄顶头）有珠芽。

（3）幼苗叶片卵状心形至戟形，为全缘单叶，老株叶片 3 全裂。

（4）肉穗花序，浆果卵圆形，黄绿色，先端渐狭为明显的花柱。

9. 蒺藜
识别要点

（1）茎通常由基部分枝，平卧地面，具棱条。

（2）托叶披针形，形小而尖，叶为偶数羽状复叶，对生，一长一短，表面无毛或仅沿中脉有丝状毛，背面被以白色伏生的丝状毛。

（3）花淡黄色，小型，整齐，单生于短叶的叶腋。

（4）果实为离果，五角形或球形，果瓣具长短棘刺，背面有短硬毛及瘤状突起。

10. 牛筋草

识别要点

（1）根系极发达，秆丛生，基部倾斜。

（2）叶鞘两侧压扁而具脊，松弛，无毛或疏生疣毛。

（3）叶片平展，线形，无毛或上面被疣基柔毛。

（4）囊果卵形，基部下凹，具明显的波状皱纹。

11. 苍耳

识别要点

（1）根纺锤状，茎直立不分枝或少有分枝，下部圆柱形，上部有纵沟。

（2）叶近全缘或不明显浅裂，与叶柄连接处成相等的楔形，边缘有不规则的粗锯齿，有三基出脉，侧脉弧形，直达叶缘。

（3）雄性的头状花序球形，雌性的头状花序椭圆形。

（4）瘦果成熟时变坚硬，具钩状的刺，刺极细而直。

12. 田旋花

识别要点

（1）茎蔓状，缠绕或匍匐生长，有棱。

（2）叶互生，有柄；叶片形态多变，但基部为戟形或箭形。

（3）花冠粉红色，漏斗状，顶端有浅裂。

（4）蒴果球形或圆锥形，种子三棱状卵圆形。

13. 刺儿菜

识别要点

（1）基生叶，顶端钝或圆形，基部楔形，通常无叶柄，上部茎叶渐小，叶缘有细密的针刺，针刺紧贴叶缘，或叶缘有刺齿。

（2）头状花序单生茎端，或植株含少数或多数头状花序在茎枝顶端排成伞房花序。

（3）小花紫红色或白色；瘦果淡黄色，椭圆形或偏斜椭圆形，顶端斜截形。

14. 苦菜
识别要点
（1）根状茎横卧或斜生，节处生多数细根，茎直立。

（2）基生叶丛生，花时枯落，顶端钝或尖，基部楔形，边缘具粗锯齿。

（3）花序为聚伞花序组成的大型伞房花序，顶生，花药长圆形，子房椭圆状，瘦果长圆形。

15. 车前子
识别要点
（1）单叶，基部常呈鞘状，无托叶。

（2）穗状花序；花萼草质，4深裂或浅裂，宿存。

（3）雄蕊4枚，子房上位，蒴果。

（二）杂草的危害

杂草一般都具有繁殖快、传播广、寿命长、根系庞大、适应性强、竞争肥水能力强等特点。杂草同瓜类争夺阳光、水分、肥料和空间，使瓜类的生活条件恶化，得不到正常的营养，生长受到抑制，致使产量降低。而且杂草是传播病虫害的媒介，许多杂草都是病原菌、病毒和害虫的中间寄主。所以杂草丛生有助于病虫的蔓延和传播，对西瓜、甜瓜生产造成很大的为害。

杂草为害严重，往往形成"草盛瓜苗稀"的局面。尤其是果实膨大阶段，由于气温高，浇水或降雨增多，常常使瓜田杂草丛生，拔不胜拔。施用化学除草剂，可以防除杂草，减少除草用工，节约肥水，提高西瓜、甜瓜产量。

（三）瓜田杂草的发生规律

瓜田杂草种类较多，在不同的栽培模式下，瓜田杂草的发生规律也有不同。一般日光温室或早春大棚栽培，由于管理非常精细，杂草发生较少；小拱棚栽培和地膜覆盖栽培的杂草发生比较严重。容易造成为害的一年生杂草主要有马齿苋、狗尾草、铁苋菜、牛筋草、画眉草、苍耳等；多年生杂草主要有香附子、小旋花、刺儿菜。

据研究，地膜覆盖栽培的瓜田中，覆盖后 2~3 天杂草开始出土，5~7 天时出现第一次出土高峰，以多年生杂草为主，10~15 天出现第二次高峰，以一年生禾本科杂草为主。随着时间的延长，杂草种群数量不断增加，至 30 天左右杂草的出土数量基本稳定，而后主要表现为杂草个体发育加快。

（四）瓜田杂草综合防治技术

1. 翻耕和轮作　农作物秋收后准备翌年种瓜的地块，可在封冻前进行一次深耕。一般要求深耕 25~30 厘米，可把当年落地的杂草种子翻埋到土壤深层，使其不能萌发；也能把靠地下繁殖器官块根、根状茎繁殖的杂草翻到地面上，使其受冻晒而死。早春实行浅耕整地，可以诱发杂草早出苗，以便集中铲除。

瓜田除草除严格避免重茬外，应选择适宜的茬口进行合理轮作。一般西瓜可以和玉米、棉花等作物轮作，有条件的地方最好与水稻轮作，这样不仅可以防除一部分杂草，而且可以减少瓜类病害的发生。

2. 中耕除草　中耕可以疏松土壤，调节土壤中的水分、空气和提高地温，有利于根系发育和促进瓜苗生长，还对一年生杂草有良好的防除效果，避免了杂草和瓜争光、争水、争肥而影响瓜的生长。瓜田的杂草种类多，发芽出土时间不一致，即使是同种杂草的种子也会因存在的条件不同，出土有早有晚，所以中耕除草要进行多次。一般在瓜苗期要集中力量中耕2~3次，以消灭瓜田杂草和疏松瓜田土壤。

3. 覆盖地膜　地膜覆盖除草，以黑色膜的效果为好，但黑色膜影响早春土壤温度上升，生产上使用得不多。用透明膜覆盖，如覆盖得畦面平整，使地膜紧贴地面，在膜下形成一个高温的小环境，对杂草也有良好的杀灭效果。

4. 化学除草

（1）土壤处理剂：

1）露地直播：于播种后、苗出土前可施用敌草胺、大惠利、都尔等除草剂处理土表。其中敌草胺、大惠利对土壤墒情要求较高，若土壤干旱，田间效果较差，使用此类农药，必须加大用水量。这两种农药对西瓜非常安全，对马唐、画眉草等禾本科杂草防效很好，但对少部分阔叶草如马齿苋、藜藜等防效较差，制剂亩用量在120~180克。以阔叶杂草为主的瓜田不要选择这类除草剂。都尔或金都尔（异丙甲草胺）对西瓜杂草防效很好，但在实际应用中，用药量稍大，药害就很明显。

2）保护地直播：不管使用哪种除草剂，按实际使用面积（1亩土地，保护地面积为0.5~0.6亩）认真核算使用量，绝不能随意加大用量。

3）地膜栽培：敌草胺、大惠利效果较好。在播种后、苗出土前用药，因膜下墒情较好，可选择推荐用药的最低限度。

4）大棚、拱棚栽培：敌草胺、大惠利是最合适的土壤处理剂，用量掌握在约 150 克 / 亩。地乐胺、氟乐灵、二甲戊乐灵等均有回流药害，使用后，因田间小气候气温较高，喷在土壤表面的药液蒸发，遇见拱棚的膜面形成伴有药液的水滴，水滴滴落下来，若滴到生长点上，会造成生长点坏死。

5）移栽田栽培：移栽田使用除草剂，要掌握在移栽前半天或一天进行土壤处理；敌草胺、大惠利在正常使用情况下可以移栽后使用，但如果单位面积内药量高，且浇缓苗水不及时，瓜苗生长易受抑制。

（2）茎叶处理剂：这一类除草剂适宜于西瓜生长期内使用，不会造成药害。

1）高效盖草能：防除一年生禾本科杂草，于 2~5 叶期用药，每亩用 10.8% 乳油 50~60 毫升倍液茎叶喷雾处理；防除多年生禾草时，用药量要加倍。

2）精稳杀得：对一年生和多年生禾草防除效果均佳，但对阔叶杂草无防效。在禾本科杂草 2~5 叶期，每亩用 35% 或 15% 的精稳杀得乳油 70~130 毫升，进行茎叶喷雾。

3）精禾草克：在禾本科杂草 2~5 叶期进行茎叶喷雾，药效快，效果好。防除一年生杂草每亩用 8.8% 精禾草克乳油 60~80 毫升，防除多年生杂草用 8.8% 乳油 150~250 克，喷药 3 小时后遇雨不影响药效。

（3）化学除草注意事项：

1）在正常情况下，须按使用说明配制药液；在气温较高、降雨量较多的地区，可适当增加用药量；防除一年生禾本科杂草，可用常用剂量或较低药量；防除多年生禾本科杂草，可适当增加用药量。

2）瓜类对除草剂的反应十分敏感，在药剂的选择、用药量、使用方法等方面应十分慎重，在没有充分把握的情况下，应通过试验后再大面积应用。

3）喷洒除草剂应先用水稀释，才能喷洒均匀；稀释浓度可不必计算，但必须严格掌握用药量；喷洒除草剂时，土壤湿度越大杀草效果越明显。

六、 病虫害的诊断

1.病虫害的诊断原则

（1）多数植物病虫害的症状有明显的特征，可根据经验或仔细观察进行区分，实际生产中较为实用，但可能会误诊。

（2）在大多数情况下，正确的诊断还需要做详细和系统的检查，而不仅仅是根据外表的症状。

（3）精确诊断程序：症状的识别与描述；调查询问病史与有关档案；采样检查（镜检与剖检）；专项检查；逐步排除法得出适当结论。

2.侵染性病害诊断要点

（1）真菌性病害：发病部位多产生明显病症，如霉状物、粉状物、点状物、锈状物等，保湿培养后很容易诱导出子实体。

（2）线虫病：出现虫瘿、根结、胞囊；茎、芽、叶坏死，植株矮化、黄化；根部组织内能看到微小晶体状的雌虫。

（3）细菌性病害：病部有斑点、萎蔫、腐烂、畸形、水浸状、菌脓等，将病组织切除后放到清水中能看到喷菌现象。

（4）病毒性病害：无病症，植株出现花叶、矮化、坏死、黄化等症状。

3.非侵染性病害诊断要点

非侵染性病害约占植物病害总数的1/3，掌握对生理性病害和非侵染性病害的诊断技术，只有分清病因以后，才能准确地提出防治对策，提高防治效果。

（1）受害植物通常表现为全株性症状。

（2）大面积同时发生，发病时间短，只有几天，没有逐渐扩散。

（3）无病原物，无病征。

（4）有明显的缺素症状，多见于老叶或顶部新叶。

（5）病害只限于某一品种发生，多为生长不宜或有系统性的症状，且多为遗传性障碍所致。

4. 虫害的诊断要点

（1）虫体形态特征。

（2）害虫残留物：分泌物、卵壳、蛹壳、脱皮等。

（3）为害症状：叶片被取食，形成缺刻；叶片上有线状条纹，或灰白色、灰黄色斑点；为害根部形成穿孔或断根。

七、 病虫草害的综合防治

（一）防治策略

1. 方针 预防为主，综合防治；有害生物综合治理（IPM）。

2. 内容 从农业生产全局和农业生态系统的总体出发，根据有害生物和环境之间的相互关系，以预防为主，充分发挥自然控制因素的作用，因地制宜地协调应用必要的措施，将有害生物控制在经济受害允许水平之下，以获得最佳经济、生态和社会效益。

3. 要求

（1）全局性：既要考虑局部和当前需要，又要考虑整体和长远影响。

（2）各种措施的配合和协调，选择最佳防治方案。

（3）整体性：全面考虑经济、安全、有效原则。

（二）化学农药的使用原则

1. 对症下药 防治病虫害的农药种类较多，但是每种农药及其不同剂型都有适宜的防治对象，应根据所发生的病害种类，有针对性地选择高效、低毒、低残留农药。

2. 适时用药 根据病虫害的发生规律以及田间实际发生动态，确定药剂防治时期。种传病害应该以种子处理为主，个别植株发生病虫害时及时挑治和局部施药，必要时进行全田喷药和预防，但施药应在病虫害发生初期喷施。

3. 科学施药 按照农药使用说明书确定用药量及其使用浓度，不能盲目增加用量，擅自增加药液浓度；根据病虫害种类及其为害部位，确定药剂防治的正确方法及重点施药部位，施药时做到细致均匀；露地栽培中应根据天气情况选择合适的时机进行药剂防治。

4.轮换用药 在一个生长季节内应轮换使用不同作用机制的农药，不要单一使用一种农药，以延缓病菌和害虫对药剂产生抗药性。

（三）西瓜、甜瓜常用化学药剂

1.常用杀虫剂及其使用方法

（1）吡虫啉：又名一遍净、大功夫、蚜虱净，属高效广谱内吸性杀虫剂，有毒杀和触杀作用，对刺吸式口器害虫有较好的防效。可用于西瓜、甜瓜中的蚜虫、粉虱、瓜蓟马、飞虱、叶蝉等的防治。用10%吡虫啉乳油3 000~4 000倍液喷雾。

（2）灭蚜松：又名灭蚜灵，是高效低毒的有机磷杀虫剂，具有触杀和内吸作用。在瓜蚜发生初期可用灭蚜松乳油1 000~1 500倍液喷雾。

（3）优乐得：又名扑虱灵、噻嗪酮，以胃毒为主，兼有触杀作用。可用来防治蚜虫、蓟马、粉虱等，也可兼治茶黄螨。用25%可湿性粉剂2 000~3 000倍液喷雾。

（4）灭幼脲：昆虫生长调节剂，以胃毒为主，触杀次之。可防治各种鳞翅目害虫及潜叶蝇类。在低龄幼虫期用25%灭幼脲悬浮剂1 500~2 000倍液喷雾。

（5）除虫脲：又名灭幼脲1号、伏虫脲，为特异性杀虫剂。可防治双翅目的斑潜蝇幼虫及鳞翅目的甲壳类害虫。一般低龄幼虫用5%除虫脲乳油1 000~2 000倍液或25%可湿性粉剂3 000~4 000倍液喷雾。

（6）阿克泰：高效低毒农药，有触杀和胃毒作用，具内吸性，可防治蚜虫、叶蝉、蓟马、白粉虱、跳甲、稻飞虱、土壤害虫及一些鳞翅目害虫，对蚜虫及蓟马的传毒有很好的控制作用。用25%水分散粒剂10 000~12 000倍液喷雾。

（7）啶虫脒：又名莫比朗，低毒，具有触杀、胃毒和很好的渗透性。可防治蚜虫、蓟马等。用30%莫比朗乳油2 000~2 500倍液喷雾。

（8）卡死克：又名氟虫脲，低毒杀虫剂，具有触杀和胃毒作用。防治守瓜、瓜类斑潜蝇、螨类，不杀成螨，用50%卡死克乳油1 000~1 500倍液喷雾。

（9）抑太保：又名氟啶脲、定虫隆,低毒杀虫剂。以胃毒作用为主,兼有触杀作用，无内吸性。防治瓜类斑潜蝇、瓜小食蝇、瓜绢螟、菜青虫、菜螟等，用50%抑太保乳油1 000~2 000倍液喷雾。

（10）杀螨隆：又名保路，硫脲类低毒杀虫杀螨剂，具有触杀和胃杀作用。可防治螨类、粉虱、蚜虫、叶螨等害虫，对抗性棉蚜、小菜蛾防治效果好。用50%可湿性粉剂1 000~2 000倍液喷雾。

（11）浏阳霉素：又名多多菌素，农用抗生素类低毒类杀螨剂，对螨类有毒杀作用。用10%浏阳霉素乳油1 000~2 000倍液喷雾。

（12）阿维菌素：为广谱、高效、安全的农用抗生素类杀虫剂，以触杀和胃毒为主。防治鳞翅目、同翅目的木虱、蚜虫、蓟马、甲壳及螨类。防治螨类用1.8%阿维菌素乳油3 000~4 000倍液；防治蚜虫用4 000~5 000倍液；防治线虫每平方米用1毫升，成株期用2 000倍液每株300~500毫升灌根。

2.常用杀菌剂及其使用方法

（1）代森锌：保护性杀菌剂，常用剂型有：60%、65%、80%可湿性粉剂；发病初期，用80%可湿性粉剂500倍液喷雾，可防治瓜类猝倒病、立枯病、角斑病、枯萎病、炭疽病、霜霉病等多种病害，隔7~10天再喷1次。

（2）代森锰锌：又名大生M45、新万生，是一种广谱保护性杀菌剂。常用剂型有：70%、80%可湿性粉剂，42%悬浮剂。用70%代森锰锌可湿性粉剂400~600倍液，在发病初期喷施可防治瓜类的炭疽病、疫病、霜霉病、叶斑病、黑点病等，隔7~10天1次，共喷2~3次。

（3）甲基硫菌灵（甲基托布津）：一种高效、低毒、低残留、广谱、内吸性杀菌剂，具保护和治疗两种作用。常用剂型：50%、70%可湿性粉剂。用70%可湿性粉剂500~700倍液对灰霉病、白粉病、炭疽病、褐斑病、叶霉病等，均有良好的预防和治疗效果，隔7~10天1次，共2~3次；也可用种子重量的0.3%~0.4%进行拌种处理；或用70%可湿性粉剂500倍液灌根，防治枯萎病也有较好的效果。

（4）百菌清：又名达科宁、TDN，是一种广谱性杀菌剂，具预防作用，没有内吸传导作用。常用剂型：75%可湿性粉剂，2.5%、3%烟剂，40%悬浮剂。在发病初期，用75%可湿性粉剂500~800倍液喷雾防治可瓜类霜霉病、炭疽病，疫病隔 7~10 天后再喷施 1 次；500~600 倍液可防治苗期猝倒病、立枯病等病害。

（5）甲霜灵：又名雷多米尔、瑞毒霉、甲霜安，是一种具上、下传导作用的内吸性杀菌剂，有保护和治疗作用。常用剂型：25% 可湿性粉剂、35% 拌种剂。在田间初发病时，可用 25% 甲霜灵可湿性粉剂600~800 倍液喷雾防治瓜类霜霉菌、疫霉菌和腐霉菌引起的病害。用35% 拌种剂对种子消毒，可按种子重量的 0.2%~0.5% 进行拌种。该药可与多种杀菌剂和杀虫剂混用。

（6）甲基立枯磷：又名立枯灭、利克菌、甲基立枯灵，适用于防治土壤传播病害的广谱内吸性杀菌剂，主要起保护作用，其吸附作用较强。常用剂型：50% 可湿性粉剂，5%、10%、20% 粉剂，20% 乳油，25% 胶悬剂。用 20% 乳油 250 倍稀释液浸种 30 分钟，播种后，在土表再喷洒可防治瓜类苗期立枯病。

（7）氢氧化铜：又名丰护安、可乐得、冠菌铜，是一种广谱杀菌剂，通过释放铜离子均匀覆盖在植物表面，防止真菌孢子侵入而起保护作用，当病菌的细胞接触铜离子之后，将其杀死，而对植物没有影响，是一种无残留、无公害的农药。常用剂型：53.8%、61.4% 干悬浮剂。在发病初期，用 53.8% 干悬浮剂 1 000 倍液可防治瓜类的叶斑病、炭疽病、疫病、立枯病、霜霉病等多种病害。

（8）络氨铜：又名硫酸四氨合铜，是一种内吸性较强的高效、低毒、低残留的广谱杀菌剂，以保护作用为主。主要剂型：14%、23%、25%水剂。防治瓜类枯萎病用 23% 水剂 250~300 倍液进行灌根处理；防治蔓枯病、疫病、细菌性角斑病，可用 14% 水剂 250~300 倍液喷雾防治。隔 7~10 天 1 次，连用 2~3 次。

（9）抗枯宁：又名抗枯灵、络氨铜·锌，具保护作用，有一定的渗透性，对瓜类枯萎病有较好的防治效果。主要剂型：25.9% 水剂、20% 水剂。防治枯萎病，在发生初期用 25.9% 水剂 500~600 倍稀释液，每株浇根 250 毫升，隔 7~10 天 1 次，连续 3~4 次；也可用 20% 水剂400~600 倍液，每株浇根 250 毫升，隔 7~10 天 1 次，连续 3~4 次。

（10）多菌灵：是一种广谱、低毒、内吸性杀菌剂，具保护和治疗作用。常用剂型：10%、25%、50%可湿性粉剂，40%悬浮剂。防治瓜类枯萎病、蔓枯病、炭疽病、白粉病、霜霉病、叶斑病等多种病害，可用50%可湿性粉剂600~800倍液在发病初期喷雾防治，隔7~10天1次，连续2~3次。或用种子重量的0.1%~0.3%进行拌种；或用500倍液灌根，每株浇250毫升；或土壤消毒每平方米苗床用6~8克。

（11）腐霉利：又名速克灵，是一种内吸性杀菌剂，具有保护和治疗作用，对在高湿低温条件下发生的灰霉病、菌核病和对甲基托布津、多菌灵产生抗性的病原菌有特效。常用剂型：50%可湿性粉剂。防治灰霉病、菌核病等病害，在发病初期，用50%速克灵可湿性粉剂1 000倍液喷雾，隔7~10天1次，连续2~3次。

（12）扑海因：又名异菌脲，是新一代高效、广谱、触杀型杀菌剂，具有保护和治疗作用，是防治灰霉病、菌核病、疫病的特效药。常用剂型：50%可湿性粉剂、25%悬浮剂。防治瓜类的灰霉病、疫病，发病初期用50%可湿性粉剂1 000~1 500倍液施，隔7~10天1次；也可采用土壤浇灌、烟雾熏蒸等方法进行防治。也可用800~1 000倍液浇根防治枯萎病。

（13）氟硅唑：又名福星、新星，是一种高效、低毒、广谱、内吸性三唑类杀菌剂，对于囊菌、担子菌、半知菌所引起的病害均有特效。常用剂型：40%乳油。发病初期，用8 000~10 000倍液喷雾可防治瓜类白粉病，隔6~7天1次。

（14）腈菌唑：属三唑类杀菌剂，具有内吸、保护和治疗作用，杀菌广谱，对白粉病、锈病、黑星病、腐烂病等均有良好的防治效果。常用剂型：40%可湿性粉剂，12.5%、25%乳油。防治瓜类白粉病，在发病初期，用12.5%腈菌唑乳油2 500~3 000倍液喷施，隔7~10天1次，连续2~3次。

（15）恶霜锰锌：又名杀毒矾、杀菌矾、霜疫清，具有接触杀菌和内吸传导作用，与代森锰锌混配有明显的增效作用，并扩大了杀菌谱。常用剂型：64%、72%可湿性粉剂。防治瓜类白粉病、霜霉病、疫病，在发病初期，用64%可湿性粉剂500~600倍液喷雾，隔7~10天1次，连续2~3次。

（16）霜脲锰锌：又名克露、霜霸、克霜，由霜脲氰和代森锰锌混配而成，霜脲氰有内吸作用，代森锰锌有较好的保护作用，两者混配，有预防和治疗作用，对疫霉病、霜霉病均具特效。常用剂型：72%可湿性粉剂。防治瓜类霜霉病、疫病，以叶面喷雾为主，施用浓度为600~800倍液，隔7~10天1次，连续2~3次。

（17）霜霉威：又名普力克，是一种新型高效、内吸性杀菌剂，对防治霜霉病、疫病、猝倒病有较好的效果。常用剂型：72%盐酸盐可溶性水剂、72.2%水溶性液剂。在瓜类霜霉病、疫病初发病时防治，用霜霉威600~1 000倍液喷雾，隔7~10天1次，连续3~4次。

（18）咪鲜胺：又名施保克、菌百克、扑霉灵，具有保护和治疗作用。常用剂型：25%乳油。防治瓜类炭疽病、白粉病可用1 500倍喷雾，隔7~10天1次，连续2~3次。防治瓜类枯萎病，可用750~1 000倍液灌根。

（19）乙烯菌核利：又名农利灵，对灰霉病、褐斑病、菌核病有良好的防治效果。常用剂型：50%、75%可湿性粉剂。防治瓜类灰霉病，在发病初期，用50%可湿性粉剂300~500倍液喷雾，隔7~10天1次，连续3~4次。

（20）恶霉灵：又名土菌消、立枯灵，是内吸性杀菌剂，适用于瓜类立枯病、猝倒病的防治。常用剂型：15%、30%水剂，70%、90%可湿性粉剂。防治瓜类立枯病，每千克种子用70%可湿性粉剂4~7克和50%福美双可湿性粉剂4~8克，先将药粉混合均匀，再将混合粉干拌种子。也可在立枯病初期用90%可湿性粉剂1 000倍液喷雾，隔7~10天1次，连施2~3次。

（21）烯酰吗啉：是一种新型内吸治疗性专用低毒杀菌剂，与甲霜灵等苯酰胺类杀菌剂没有交互抗性，对霜霉病、疫病、腐霉病、黑胫病等低等真菌性病害均具有很好的防治效果。常用剂型：50%可湿性粉剂、50%水分散粒剂。防治瓜类霜霉病、疫病等病害时，在发病初期，可用50%可湿性粉剂800~1 200倍液喷雾，隔7~10天1次，连续2~3次。

（22）戊唑醇：又名好力克、立克秀、菌力克、富力库、戊康，是新型高效、广谱型内吸性三唑类杀菌剂，兼具保护、治疗和铲除作用。常用剂型：12.5%、25%、30%、43% 悬浮剂，12.5%、25% 水乳剂，25% 乳油，12.5%、25%、80% 可湿性粉剂，0.2%、2%、6%、60 克/升悬浮种衣剂等。对白粉病、黑星病、褐斑病、炭疽病有较好的防治效果，在病害发生初期，通常用 5% 悬浮剂 2 000~4 000 倍液喷雾，隔7~10 天 1 次，连续 2~3 次。

3. 常用除草剂及其使用方法

（1）氟乐灵：为非选择性除草剂，用水稀释后地面处理，可有效防除双子叶和单子叶杂草，常用剂型：48% 乳油。①播种或定植前进行土壤处理，方法是在地面整平后，每亩用氟乐灵 75~125 毫升，兑水40~50 升，均匀喷雾，并随即耙地，使药剂均匀混入 5 厘米深的土层中，然后播种或定植。②播种或定植后土壤处理，方法是先行中耕松土，除去已有杂草，然后用 75~100 毫升氟乐灵，兑水 50 升，对地面喷洒，然后立即耙土拌药，使药混入土中。③地膜覆盖西瓜地使用，方法是用氟乐灵 50~100 毫升，兑水 50 升，均匀喷布，喷后立即耙地拌土，2天后再播种和覆盖地膜，除草效果更好。氟乐灵土壤处理应注意用药量正确，否则会产生药害。氟乐灵见光易分解，必须随喷施随耙土混药，否则影响除草药效。西瓜与小麦、玉米等禾本科作物间作套种时，不能使用氟乐灵，否则会伤及间作套种作物，发生药害。

（2）除草醚：是一种触杀性除草剂，可以杀死一年生杂草，药效可维持 20~30 天，常用剂型：26% 可湿性粉剂。除草醚的使用方法是：①露地栽培时，每亩用除草醚 500 克，先用少量清水将除草醚调成糊状，然后兑水 25~30 升，用喷雾器均匀地喷洒瓜田地面。②地膜栽培时，每亩用药 200~250 克，兑水 25~30 升，在大田定植前均匀地喷洒土壤表面，然后覆膜定植。除草醚使用效果与土壤温度、湿度有关，以温度 20℃以上，相对湿度 80% 以上时除草效果最好。

（3）稳杀得：稳杀得有两种剂型，一种是 35% 乳油，另一种是15% 精稳杀得乳油。稳杀得是选择性除草剂，主要是杀死单子叶杂草，而对西瓜安全，故可在生长期间使用。使用的方法是在禾本科杂草2~5 叶期，每亩用精稳杀得乳油 75 毫升，兑水 25~30 升喷洒，施药后

1周，杂草即枯黄。

（4）杀草净：常用剂型为46.1%杀草净胶悬剂，使用方法是人工除草后，按每亩用50升配制好药液喷布畦面，然后播种覆盖地膜。采取先播种再喷药覆膜，每亩用120毫升杀草净效果较好，在播种前或播种后使用覆盖地膜均较安全。

（四）常见病害种子消毒处理方法

1.枯萎病、炭疽病　用100~300倍的福尔马林（甲醛）浸种15~30分钟。

2.病毒性病害　将种子用清水浸4小时后，再浸于10%磷酸三钠溶液中20~30分钟后洗净，可起到钝化病毒的作用。

3.炭疽病和白粉病　用50%多菌灵（或用25%苯莱特）可湿性粉剂500~600倍液浸种1~2小时后捞出，清水洗净催芽播种。

4.各种真菌性病害和病毒性病害　用2%氢氧化钠溶液浸种10~30分钟。

5.霜霉病、炭疽病　用50%代森铵200~300倍液浸种20~30分钟。

6.立枯病、霜霉病等真菌性病害　用0.1%甲基托布津浸种1小时，取出再用清水浸种2~3小时。

（五）常见病虫害物理防治措施

1.晒种、浸种　选择晴日将种子晒2~3天，可以增强发芽势，提高发芽率，还能杀灭病菌；用55℃温水浸种10~15分钟，可起到消毒和杀菌的作用；用10%的盐水浸种10分钟，然后用清水冲洗种子后播种，可防菌核病以及种子带有线虫而发生的线虫病。

2.高温灭毒杀菌　在夏秋闲季，选晴日高温闷棚5~7天，可有效杀灭棚内及土壤表层的病菌和害虫。具体方法：

（1）在上茬作物拉秧后，及时清除病残体，铲除田间杂草，带出大棚外深埋，保持棚架完好，棚膜完整，无破损。

（2）大棚内施用有机肥，如鸡粪、猪粪、牛粪等，或利用植物秸秆如玉米秆、稻草（切成3~5厘米长小段），加施石灰氮。有机肥每亩用量一般 3 000~5 000 千克，石灰氮每亩 60~100 千克。均匀撒施在土壤表面，然后深翻 25~30 厘米。

（3）大棚四周做坝，灌水，水面最好高出地面 3~5 厘米，有条件的覆盖旧薄膜，要关好大棚风口，盖好大棚膜，防止雨水进入，严格保持大棚的密闭性，使地表以下 10 厘米温度达到 70℃以上，20 厘米地温达到 45℃以上，达到灭菌杀虫的效果。

（4）一般闷棚时间不得少于 20 天，闷棚结束后要进行耕翻，晾晒 10~15 天，即可定植下茬作物，每年 1 次或隔年 1 次进行高温闷棚。

（5）在高温闷棚后增施生物菌肥，按每亩 80~120 千克的用量均匀地施入定植穴中，以保护根际环境，增强植株的抗病能力。

3. 诱杀防治　利用害虫的趋光性来诱杀成虫，降低害虫落卵量，如黑光灯、高压汞灯和频振式杀虫灯等诱杀；利用害虫对颜色的趋性进行诱杀防治，如在田间或棚内悬挂黄色粘虫胶板可防治蚜虫、白粉虱、蓟马等害虫，挂蓝色胶板可防治棕榈蓟马；也可利用害虫对某些物质的趋性诱杀，如利用杨树枝诱集棉铃虫，利用梧桐叶诱集地老虎等；也可利用昆虫的性激素或聚集激素进行诱杀。

4. 隔离防治　隔离防治是掌握病害发生规律及害虫的生活习性，设置人为障碍，阻止病虫害的扩散蔓延，从而保护植物免受病虫害。如在保护地的通风口或门窗处罩上纱网，则可防止白粉虱和蚜虫等昆虫飞入；利用黑色地膜防除杂草，铺设银色地膜避蚜虫等。

5. 土壤深翻　深翻土地可以把遗留在地面的病残体、越冬病原物的休眠体结构如菌核等翻入土中，加速病残体分解和腐烂，加速其内病原物的死亡，或把菌核等深埋入土中，第二年失去传染作用。

6. 嫁接防病　嫁接防病也是重要的农艺防治措施，主要是通过嫁接抗病的植物，避开病菌的侵染。为防止枯萎病的发生，利用南瓜对枯萎病菌免疫的特点，用南瓜作砧木，可有效减轻枯萎病的发生。

（六）常见病虫害生物防治措施

1. 利用有益昆虫防治害虫

（1）赤眼蜂防治菜青虫：在害虫产卵盛期放蜂，每亩放蜂 1 万头，隔 4~6 天放 1 次，连续放 3~4 次。

（2）瓢虫或烟蚜茧蜂：可利用瓢虫防治蚜虫，瓢蚜比例以 1 ∶（160~210）最好。除此之外，瓢虫还可用于飞虱、叶螨、粉虱等害虫防治；蚜虫还可利用烟蚜茧蜂防治，蚜虫发生早期开始放僵蚜，每平方米释放烟蚜茧蜂寄生的僵蚜 12 头，每 4 天放 1 次，连续放 7~8 次。

2. 利用植物浸出液防治害虫

（1）辣椒液：取鲜朝天椒 100 克，兑 60~100 倍水，加热 30 分钟，用滤液喷雾，可防治地老虎、蚜虫、红蜘蛛等害虫；也可用辣椒叶加少量水捣碎后取滤液，将 1 份滤液与 2 份水混合稀释，再加入适量肥皂液混匀后喷雾防治红蜘蛛、蚜虫，效果显著。

（2）蓖麻液：防治蚜虫、菜青虫、小菜蛾，可取鲜蓖麻叶 1 千克捣碎过滤，用 3 倍水将滤液稀释，进行叶面喷雾；防治蝇蛆、地老虎、蛴螬等地下害虫，可将蓖麻叶 1 千克兑水 4 千克揉搓，然后浸泡 10~14 小时，取滤液在晴天傍晚进行喷雾防治。

（3）葱蒜液：防治甲壳虫、蚜虫、红蜘蛛等害虫，可用洋葱、大蒜各 50 克混合捣碎，装入纱袋，放入 25 千克水中浸泡 2 天，取出纱袋，用此浸出液喷雾防治。

3. 利用生物杀菌剂防治病害

（1）农抗 120：用 2% 农抗 120 的 150 倍液喷雾防治枯萎病，即发病初期每株灌药 250 毫升，隔 7 天再灌 1 次，对白粉病、炭疽病、叶斑病等病害也有良好的防治效果。

（2）链霉素：用 72% 可溶性粉剂农用链霉素或 90% 可湿性粉剂新植霉素稀释 4 000~5 000 倍液喷雾，7~10 天喷 1 次，连续 2~3 次，对防治细菌性病害效果明显。

（3）中生菌素：对青枯病，于发病初期用 1 000~1 200 倍药液喷淋，共 3~4 次；对细菌性角斑病、细菌性果腐病，于发病初期用 1 000~1 200 倍药液喷雾，隔 7~10 天 1 次，连续 3~4 次。

（4）春雷霉素：对溃疡病，需灌根、涂茎与喷雾相结合；对青枯病，以灌根和涂茎为主。灌根每株 0.25~0.5 千克，涂茎时用 200~250 倍液，效果更好。

（5）多抗霉素：对灰霉病、白粉病、疫病效果显著，将 3.5% 多抗霉素水剂充分摇匀后稀释 600~800 倍喷雾，喷 2~3 次。

4. 利用生物源农药制剂防治害虫

（1）白僵菌：可用于防治菜青虫、小菜蛾等害虫，用含孢子 100 亿活孢子/克菌粉、洗衣粉和水，按 1∶0.2∶100 的比例配成含孢子 1 亿/毫升以上的菌液喷雾。

（2）阿维菌素：用 1.8% 阿维生素乳油防治美洲斑潜蝇、菜青虫、小菜蛾、潜叶蝇。防治美洲斑潜蝇可用 3 000~4 000 倍液，持效期 7~10 天；防治菜青虫、小菜蛾等，在低龄幼虫盛发期喷洒 3 000~4 000 倍液，持效期 5~7 天；防治菜蚜，喷洒 4 000~5 000 倍液；防治螨类，喷洒 800 倍液，持效期 15~25 天。

（3）印楝素：用 0.3% 印楝素乳油 1 000~1 500 倍液喷雾防治小菜蛾、甜菜夜蛾、斜纹夜蛾、蚜虫、美洲斑潜蝇、飞虱、黄曲跳甲、菜青虫、蓟马、棉铃虫等害虫有特效，且害虫不易产生抗药性，可长期使用。

（4）苦参碱：在虫害发生初期或卵孵化盛期，用 1.3% 苦参碱 2 000~3 000 倍液喷雾，可防治甜菜夜蛾、菜青虫、小菜蛾、蚜类、白粉虱、红蜘蛛、二十八星瓢虫、潜叶蛾等害虫。

5. 利用昆虫生长调节剂防治害虫

（1）灭幼脲：用 25% 悬浮剂 500 倍液防治菜青虫。

（2）氟铃脲：用 5% 乳油 1 000~2 000 倍液防治小菜蛾。

（3）噻嗪酮：用 25% 可湿性粉剂 1 000~1 500 倍液防治温室白粉虱有特效，并且持效期长。

（4）灭蝇胺：用 10% 悬浮剂 1 500 倍液叶面喷雾或用 2% 颗粒剂每亩 2 千克处理土壤防治蔬菜潜叶蝇，持效期可达 80 天。